翻轉學

翻轉學

疫後大商機

7大領域×18國先例×69項嶄新變革的
獲利模式大全

原田曜平、小祝譽士夫 著　楊孟芳 譯

Discover

アフターコロナのニュービジネス大全
新しい生活様式×世界15カ国の先進事例

目 錄

第 3 章 「超娛樂」商機：虛擬空間讓娛樂再進化

目 錄

第 4 章 「超奢華」商機：改變享受奢侈的定義

目 錄

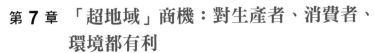

第 7 章 「超地域」商機：對生產者、消費者、環境都有利

好評推薦

「把握數位轉型的新浪潮，就等於掌握未來的含金量。本書將帶領你翱翔國際間的成功典範，帶你落實於自身企業或新創事業中，非常推薦。」

—— 牧羊妮，迪卡儂電商共同創辦人、
《Notion 人生管理術》作者

「新冠肺炎疫情爆發時，我人在東南亞，主管跨國電商和線上娛樂 App，眼見身邊餐廳、旅遊業者逐個倒下，線上服務卻迎來用戶和收入大爆發。面對疫情，唯有超脫舊有框架，才能浴火重生，本書統整 18 國創新案例，以淺顯易懂的例子，引發你我思考，如何在後疫情時代，化危機為轉機！」

—— 許詮，XChange 創辦人

「疫情終會過去，改變的腳步卻從未放緩。放眼整個世界，因應疫情衝擊做出了什麼改變、出現哪些新的商業模式？書中的洞察令人驚奇，也帶來啟發。」

—— 劉奕酉，《高產出的本事》作者、企業商務顧問

「本書蒐集了許多因應疫情的新服務與商業案例,簡單易懂。準備創業的人,可以作為點子發想的參考;正在創業中的人,可以藉由案例反思目前的商業模式有無創新機會。」

——潘思璇,童顏有機共同創辦人、
杏和聯合會計師事務所會計師

前言
晉升疫後贏家的
獲利模式大全

第
1
章
「超距離」商機

第
2
章
「超購物」商機

第
3
章
「超娛樂」商機

第
4
章
「超奢華」商機

第
5
章
「超資訊」商機

第
6
章
「超企業」商機

第
7
章
「超地域」商機

後記
商機是留給懂得
適應變化的人

參考資料

前言
晉升疫後贏家的獲利模式大全

疫情帶來巨變，採取應對措施的人卻很少

　　2020 年，人類被迫面對共同的敵人 —— 新冠肺炎，並在歷史上留下不可磨滅的記憶。

　　迎接與病毒共存的時代，不論是生活、經濟或社會，都產生了劇烈的變化。儘管世界的樣貌與以往截然不同，但人們並未被新冠肺炎擊潰而坐以待斃。雖受新冠肺炎疫情所苦，但企業、社會、國家都努力適應嚴峻的情況，在這樣的背景下，想辦法提升自己才是正確的思維！

　　然而，放眼望去，面臨環境的巨變，卻很少人能主動改革或做出改變，甚至可以說根本沒有。

　　就連被認為是受新冠肺炎疫情影響而加速普及的遠距工作模式，實際上也沒有真正的普及，反而出現急踩煞車和開倒車的情況。雖然因政府宣導而全面導入遠距工作的企業激增，但疫情警戒解除後，許多企業就故態復萌了，除了少部分的大企業和領航企業，大部分都回到以前通勤的日常，隨後不管中央政府或地方政府如何宣導「減少外出」，交通壅擠的狀況依然不減。問題並非出在公司強迫

員工要在辦公室辦公，而是員工覺得到公司工作比較輕鬆，甚至認為，比起線上會議、視訊行銷，實際面對面談話更有效率。

2020 年 7 月，日本野村綜合研究所[*]針對亞洲及歐美等八大國，進行了遠距工作的問卷調查。其中，日本新冠肺炎疫情前就遠距工作的人占全體 9％，疫情後才開始遠距工作的人占 22％，遠距工作者共 31％；中國新冠肺炎疫情前就遠距工作的人占全體 35％，疫情後才開始遠距工作的人占 40％，遠距工作者共 75％；美國新冠肺炎疫情前就遠距工作的人占全體 32％，疫情後才開始遠距工作的人占 29％，遠距工作者共 61％。

遠距工作比例比日本高出一倍或一倍以上的國家占了大半，甚至有調查顯示，日本的遠距工作率只有 20％、全面採取遠距工作的人才 5％。不論是從哪一種角度來看，日本其實都是「遠距工作落後國」[†]。

這裡不是要批評日本導入遠距工作速度落後，而是要指出「不願改變」的問題。遠距工作，從改革勞動方式的角度來看，從以前就被大力提倡，認為有導入的必要性，

---

[*] 日本第一家提供諮詢服務和資訊系統建置的民間智庫機構。目前透過海外各據點，展開大規模且具前瞻性的經濟、產業、技術諮詢等服務。

[†] 2020 年，台灣勞動部《109 年勞工生活及就業狀況調查報告》中，關於勞工遠距離工作情形一項，認為其工作不可能遠距執行占 74.8％；部分工作可遠距執行者占 22.3％，全部工作可遠距執行者占 2.9％。

前言　晉升疫後贏家的獲利模式大全

第1章　「超距離」商機

第2章　「超購物」商機

第3章　「超娛樂」商機

第4章　「超奢華」商機

第5章　「超資訊」商機

第6章　「超企業」商機

第7章　「超地域」商機

後記　商機是留給懂得適應變化的人

參考資料

在中國和歐美等世界各國，也因為遠距工作不需要物理上的移動，省下不少時間和金錢成本，因此提高了施行率。

然而，在對生產力意識較低的日本，遠距工作是只聞雷聲響不見雨點下，遲遲難有進展。表面看來，因新冠肺炎疫情加速了導入過程，但很多上班族仍以「不面對面就不能工作」、「一定要讓部屬在自己的眼皮下」等各種理由，堅持去公司上班，讓疫情前壅塞的通勤惡夢又回來了。

不只是遠距工作，「不願改變」的問題在社會的各個層面都看得到。不論是生活、商業或政治領域，改革都很渺小且流於表面。新冠肺炎疫情爆發期間，人們只是一味枯等災難結束。聽起來很可悲，但這就是許多人抱持的想法。

「後疫情時代」、「新常態」等新詞彙，讓人們感到振奮，可是認真摸索並建構應變措施、新商業模式的人，實際上只有一小部分，很多上班族和餐飲店老闆，只知道祈禱、成天把「希望疫情早點結束」掛在嘴邊，但瞄準未來趨勢並採取行動的人卻很少。

不只如此，自己受困疫情、想不到解決方法，卻連蒐集其他國家應對辦法、探尋解決之道，也幾乎是看不到，社會上瀰漫著悲觀的氛圍，放眼望去，人們面對後疫情時代的改革非常緩慢、遲鈍，多數人只有一個願望，那就是回到疫情前的生活。明明現實情況就跟時鐘的針一樣無法回頭，但還是在心裡祈求、隱忍靜待。

各國不斷改革，發展疫後獲利模式

另一方面，世界的趨勢又是如何？

作者之一的小祝譽士夫，擔任 TNC 行銷公司董事長，從事海外調查、市場行銷和公關宣傳，經營了一個名為「Life Style RESEARCHER®」的網站，雇用在海外 70 國、100 個地區長期居留的日本女性為調查員，報導當地的生活方式和流行趨勢。

TNC 運用在海外的人際網絡，於 2020 年 3 月～ 12 月間，針對 18 個國家、200 個以上的案例進行世界趨勢調查，發現了耐人尋味的結果。原來在疫情比日本還嚴重，甚至是封城的情況下，**世界各國依然有人想辦法因應新冠肺炎疫情，陸續發展出許多針對後疫情時代的創意商業模式、生活型態和新嘗試。**

其中，特別吸引我們目光的是丹麥、中國和泰國，這 3 個國家在新冠肺炎疫情期間，看得到非常顯著的新商業模式和社會改革的趨勢。

在新冠肺炎疫情開始前，北歐就很積極推廣遠距工作等勞動方式的改革，不論在男女平等的國家排名，還是聯合國永續發展目標（Sustainable Development Goals, SDGs）達成度的排名上，每年都占據前幾名。丹麥就是一個不斷挑戰各項新政策的領頭羊，在新冠肺炎疫情期間，一樣以這樣的心態和想法，推行了許多新的措施和商

前言 晉升疫後贏家的獲利模式大全

第 1 章 「超距離」商機

第 2 章 「超購物」商機

第 3 章 「超娛樂」商機

第 4 章 「超薔薇」商機

第 5 章 「超資訊」商機

第 6 章 「超企業」商機

第 7 章 「超地域」商機

後記 能快的適應變化的人

參考資料

業模式。

中國作為一個數位先進國，在由國家主導、民間積極推廣下，使政策在廣大的國內市場一口氣普及，這是中國的特色。即便是在新冠肺炎疫情期間，仍不斷進行新的挑戰，包含實驗性質的嘗試在內，讓這些措施成為新商業模式和生活新常態。

泰國人多半是佛教徒，由於國民「行善積德」的意識高，使得在新冠肺炎疫情下，分配糧食給弱勢者、彼此互助等，立刻就能順利展開；丹麥也是一樣，呼籲重視鄰里、珍惜彼此間的交流，充滿人情味的活動引人關注。像這種社會公益（Social Good）的措施和活動，在日本雖然也找得到，但只有零星出現，尚未擴展至整體社會。

面對因新冠肺炎疫情而改變的社會，世界各國正以改變自身的方式來適應。但仍有些人拒絕改變，只想枯等暴風雨過去。

坐等疫情結束，只會原地踏步、跟不上時代

那麼，究竟為什麼有人會選擇「什麼都不做」？以日本來看，除了因為不認為「改變」是好事的心態作祟，中央政府和地方政府的首長或新聞主播都再三把「忍耐」掛在嘴邊，束縛了人們的行動，日本人在新冠肺炎疫情中，一直被告誡「無論如何要忍耐」。

　　忍耐，看似是一項美德，實際上卻是在剝奪人們找出解決辦法、嘗試新挑戰的欲望，會讓人陷入停止思考的危險。一旦被告誡「要忍耐」，可能就會放棄前進、選擇停滯，過著無所事事的日子。

　　但其他國家卻不是如此，即使是在充滿限制的生活，仍思考「有沒有什麼事是我能做的？」「要怎麼做才能度過困境？」以樂觀積極的態度面對，當有新想法浮現時，就勇往直前嘗試，即便情況再嚴峻，也要選擇前進並做出改變，決不待在原地踏步。

　　能做出這樣的選擇，是因為他們具有苦中作樂的「享受」（Enjoy）精神。不一味「忍耐」，而「樂在當下」，**所以才能產生很多有創意的想法，並由此孕育出下個時代的新商機種子；**但在疫情期間的日本說「樂在當下」，則會被認為是失言、不夠謹慎。總之，就像人們常說的「危機就是轉機」，情況越是絕望，越要絞盡腦汁，想出嶄新的商業模式，再將它培育成下一個時代的新標竿。

　　再次強調，「忍耐」抑制了機會的發芽。面對新冠疫情危機，各國都在積極化危機為轉機、提升商業模式與生活型態，但還是有些人靜止不動，結果，不只是疫情當下，就連後疫情時代，商業模式、社會和國家運轉都會慢了一輪。等到幾年後才意識到，就已經太遲了，那時早已落後一大截，難以追上其他國家的差距。

前言
疫升後贏家的
獲利模式大全

第1章
「超距離」商機

第2章
「超購物」商機

第3章
「超娛樂」商機

第4章
「超零售」商機

第5章
「超資訊」商機

第6章
「超企業」商機

第7章
「超地域」商機

後記
商機是留給懂得適應變化的人

參考資料

「海外」與「年輕人」將是靈感來源

那麼，現在才開始是否為時已晚？卻也不盡然。如今新冠肺炎疫情尚未結束，要縮短落後的差距、迎頭趕上，甚至是超越，並非不可能。為了達到這個目標，需要停止忍耐，取而代之，要去了解在疫情中，世界各地發生了什麼？正在進行什麼？以這些先驅案例為靈感，摸索提升生活、社會結構的方法。

有些人或許不擅長從零開始創造，但可以參考海外的案例加以微調，或修改成更精銳的做法，只要能充分應用，在新冠肺炎疫情後的新常態生活中，甚至有可能掌握主導權。現在絕不是忍耐的時候，而是跨越自我極限，超越過去的最後機會！

抓住這個最後機會的關鍵，就是集結了世界先驅案例的本書。本書介紹的各個案例，都是從前述 Life Style RESEARCHER® 調查員蒐集到的資訊中，嚴選出對思考未來商業模式時，特別有用的案例。

此外，本書的特色不只單純介紹案例，還分析流行的原因，也會針對「如果要發展成本國商業模式的話，有什麼方法？」提出具體做法，與其他書「只介紹案例，下一步自己想」，放著讀者不管不同。以書中案例為靈感，馬上就能著手規畫商業模式和新生活型態，將知識化為行動，實踐性高是本書的一大特色。

在套用到自身商業模式時，作者之一原田曜平的「年輕世代研究」觀點非常有幫助，這項研究是原田曜平一生的志業，同時他也是日本相關領域的第一人。原田曜平創造了「悟世代」*、「溫和叛逆者」†等新詞彙，近期則從事「Z世代」‡研究。

原田曜平長年致力於年輕世代研究和市調活動，與合著者小祝譽士夫，約從十年前就開始一起研究海外的千禧世代和 Z 世代，一同前往世界各國，針對當地的年輕人進行大量的家庭訪問。將從各國年輕人身上掌握到的最新需求及潛在欲望，應用在各種企業的市場行銷策略上。

研究年輕世代為什麼會有幫助？因為**年輕人，擁有其他年齡層所缺乏的「海外式想法與行動」**。他們是數位原生世代，手機和社群軟體片刻不離手、毫無保留地吸取海外資訊，且具有身體力行的靈活性。這樣的特性，在新冠肺炎疫情中也發揮了效果。

比如說，雖然常看到新聞報導年輕人因新冠肺炎疫情造成心理壓力，引發情緒上的問題。但也有另外一種年輕人，他們不認為「忍耐」是好事，藉由使用社群軟體獲得海外資訊，並將知識身體力行，而在疫情中也能積極挑

---

* 泛指 1980 年代至 1990 年代出生的人，又稱低欲望世代。物質欲望低，也沒有太多追求，有如頓悟一般的氣質。

† 意指溫和的不良少年，喜歡羈絆感、家庭感，不追求有所成就的安定性格。

‡ 指 1990 年代末至 2010 年代前期出生的人。

前言
晉升疫後贏家的
獲利模式大全

第1章
「超距離」商機

第2章
「超購物」商機

第3章
「超娛樂」商機

第4章
「超奢華」商機

第5章
「超資訊」商機

第6章
「超企業」商機

第7章
「超地域」商機

後記
商機就有隨得
適應變化的人

參考資料

戰，享受生活的樂趣。也就是說，最接近海外「樂在當下」的態度與想法的，就是年輕世代。

借鏡國外先例，超越舊框架，成為改變的契機

面對疫情，年輕人在想什麼？是如何度過這段期間的？加入這些分析，對思考市場的新商業模式，深具意義。也就是說，以年輕人為範本，來得到「化危機為轉機」的思考祕訣與提示，藉由結合海外案例與年輕人案例，能將未來可行的新商業模式輪廓，看得更清楚。

讓熟悉海外調查及市場行銷的小祝譽士夫，與專長在年輕人的流行研究及分析的原田曜平聯手，從新冠肺炎疫情中放眼後疫情時代，進行案例分析、提出新商機靈感。

回首過往，日本不管什麼事都只一味追隨美國，直接引進美國推廣，一路上都靠這樣的「時光機理論」*，發展新領域。然而，這樣做真的是對的嗎？只知道模仿美國的日本，為什麼每年世界幸福指數排名上，在主要先進國家中總是吊車尾？我想讓疫情也成為重新思考這問題的契機。世界上除了美國，還有很多值得仰望效法的先驅，例如歐洲、亞洲等國。而 2021 年幸福指數排名第 1 的是芬

---

* 日本軟銀集團創辦人孫正義曾提出「時光機理論」，利用時間差，自領先國家的發展案例，引進尚處落後的日本。

蘭，第 2 名是丹麥。藉由停止一味追隨仿效，或許能開拓新的可能性。本書介紹世界的各種案例，其實也具有指出這樣的問題與提示新方向的含意。

本書的結構，依案例類別分成以下 7 章：

- 跨越距離限制，線上連結所有人事物的「超距離商機」
- 介紹零接觸購物體驗的「超購物商機」
- 虛擬空間讓娛樂再進化的「超娛樂商機」
- 徹底改變享受奢侈定義的「超奢華商機」
- 系統化活用數據的「超資訊商機」
- 線上與線下整合的「超企業商機」
- 對生產者、消費者、環境都有利的「超地域商機」

每章都介紹了各國先進的措施、分析爆紅的原因，同時提出以該案例為基礎，推展時該如何思考的建議。

在各領域加上「超」，是因為對受到新冠肺炎疫情而改變，進而重生且持續蛻變的商業模式和社會來說，不論是距離、購物、娛樂、奢華、資訊、企業，還是在地化，**都必須要「超越」舊有的框架，以新的思維去思考**，不這樣做的話就無法勝出，寓有危機感在內的緣故。

讀者可以從跟自己的工作和生活相關領域讀起，或只讀自己有興趣的領域也可以。希望這些案例能成為靈感，

取代悲觀，讓邁向未來、創造商機的獲利模式，能夠接連問世。

對於政府、企業、上班族和一般大眾，希望以各國市場調查和研究年輕世代為基礎的本書，多少能幫上忙。若此書能成為改變的契機，正是我們由衷的盼望。

前言 晉升疫後贏家的 獲利模式大全

第 1 章 「超距離」商機

第 2 章 「超購物」商機

第 3 章 「超娛樂」商機

第 4 章 「超奢華」商機

第 5 章 「超資訊」商機

第 6 章 「超企業」商機

第 7 章 「超地域」商機

後記 商場是留給懂得適應變化的人

參考資料

第 1 章

「超距離」商機：
跨越距離限制

疫情造成的巨大改變之一，就是為了防止疫情擴大，而開始限制人們移動。在這樣的情況下，世界各國採取的共同行動，就是以網路連結所有人、事（服務）、物。人們得到了一項「魔法」，可以超越物理上的距離，在家中螢幕上擁有一切。

01

VR 線上會議，
到哪都是辦公室

疫情前

在會議室集合開會

疫情後

進化成 VR
線上會議

先驅案例

美國等國

前言 提升疫後贏家的 獲利模式大全

第1章 「超距離」商機

第2章 「超購物」商機

第3章 「超娛樂」商機

第4章 「超奢華」商機

第5章 「超資訊」商機

第6章 「超企業」商機

第7章 「超地域」商機

後記 讓數位化給超越的人

參考資料

現象 辦公室工作 VR 化

受新冠肺炎疫情影響，各國紛紛實施限制外出，人們開始使用 Zoom 等視訊會議軟體來開線上會議、研習和講座，使用者急速攀升。商務通訊軟體 Microsoft Teams 及 Slack 等也變得普及。遠距工作不分國家，同步加速展開。

在這樣的情況下，最早被討論的應對方式，是導入虛擬辦公室。因此使用 VR 眼鏡，在虛擬世界重現辦公室環境，讓溝通更接近真實的服務陸續登場。

VR 的優點，在於給人強烈的沉浸感，以及可透過肢體語言等傳達參與者的情感與意圖。例如虛擬平台「Meetin VR」（見圖 1-1），可以在虛擬世界裡和同事進行遠端協作，只要戴上 VR 眼鏡進入虛擬辦公室「出勤」，就可透過模擬本人的虛擬替身進行開會討論、腦力激盪、繪製心智圖及簡報等，還可利用 3D 繪圖筆，在空間內寫字、加上便利貼等。

VR 虛擬替身的問題，在於外型太過簡略、缺乏真實感，因此臉書（Facebook）正在研發鏡像般的虛擬替身，由於外表、動作、說話方式都和本人相同，可以讓溝通更貼近真實。此外，臉書也致力於「無限辦公」（Infinite Office）的研發，透過 VR 眼鏡，使用虛擬螢幕與鍵盤，如同在辦公室裡工作一樣。日本恩悌悌數據公司（NTT DATA）正在研發，讓每位員工使用大頭照而成的虛擬替

圖 1-1　透過 Meetin VR，實現虛擬辦公室

圖片來源：Meetin VR 新聞資料

身，在虛擬空間自由走動、辦公的 VR 系統。

分析　遠距工作能節省成本、提升效率

　　線上會議不需要物理上的移動，也不需要將大家集合在一起，可節省許多時間、提升效率，加上如果透過 VR 化，讓虛擬空間變得跟現實生活相仿，即便疫情結束，會議也依然會是以線上為主要模式。以 VR 來說，以前 VR 裝置會是一個入門門檻，但其實 VR 裝置的價格已經下滑，可望助長 VR 的普及。功能進化版的「Oculus Quest 2」VR 眼鏡的價格，一副已不到 4 萬日元（約新台幣 1 萬

元）。以往主要都是娛樂產業率先導入 VR 裝置，如今，提供商務使用的環境也逐漸成形了。

發現新商機！

日本以涉谷為中心，開了幾間 VR 電玩遊樂場，還有虛擬偶像也舉辦了 VR 握手會等，以前是由娛樂產業領先導入 VR，但如今也漸擴展到商務領域。一旦辦公室工作 VR 化，便可從現階段的線上化，實現更進一步的「新辦公室工作」。

Zoom 打開視訊功能露出臉時，有不少使用者覺得比實際見面更緊張，且因此感到心理壓力。女性員工雖然在家，但仍須化妝，十分不便。語音社群軟體「Clubhouse」會瞬間爆紅，原因就是出於對「Zoom 疲勞」所產生的反動。若能實現使用虛擬替身開會，就不需要露臉，使用時也能比較放鬆，線上工作也能更普及，甚至能成為長途通勤者的救星。

另一方面，VR 繼續發展下去，會改變從前面對面的意義，也就是說，以線上或 VR 方式工作變成日常，重要的面談、交涉和商談等才會採用面對面方式進行。這種溝通方式的區分，會成為商務人士的日常。今後，支援這種新辦公室工作的服務，也會很有前景。

前言 晉升疫後贏家的 獲利模式大全

第 1 章 「超距離」商機

第 2 章 「超購物」商機

第 3 章 「超娛樂」商機

第 4 章 「超專業」商機

第 5 章 「超資訊」商機

第 6 章 「超企業」商機

第 7 章 「超地域」商機

後記 商機是能夠懂得適應變化的人

參考資料

02 比現場聯誼更自在的
線上約會

疫情前

在聯誼聚會上找對象

疫情後

新的緣分從線上開始

先驅案例

美國　英國

前言
曾升疫後贏家的
獲利模式大全

第1章
「超距離」商機

第2章
「超購物」商機

第3章
「超娛樂」商機

第4章
「超奢華」商機

第5章
「超資訊」商機

第6章
「超企業」商機

第7章
「超地域」商機

後記
商機是疫情
適應變化的人

參考資料

（現象）**外出減少了，交友的機會卻增多**

受疫情影響，人們要保持社交距離、減少群聚，認識新朋友的機會驟減，為了改善這個現象，交友服務業者推出「線上見面」的新形態服務，受到使用者歡迎。特別是率先推出這類服務的歐美國家。

例如，美國 OkZoomer，是一項大學生限定的交友媒合服務，讓大學生宅在家時，依然可以認識新朋友。只要是美國認可大學的在籍學生、有大學的電子信箱，都可以使用這項服務。據統計，84％的使用者找到約會對象，47％的使用者交到朋友，10％的使用者覺得交友圈擴大了，成績非常亮眼。

另外，來自英國的戀愛交友軟體 Hinge 提倡「居家約會」（Date from home）的新模式，從使用者的個人檔案找到想認識的人後，可以傳送訊息給對方，彼此都同意的話，就能用 FaceTime、Zoom、Skype、Google Meet 等方式進行視訊通話，開始「線上約會」。

適合獨居者的 Quarantine Chat，是一項當想找人說話時，可隨機找世界上任何人熱線的服務。在網站上登錄自己的電話號碼，下載語音聊天專用軟體 Dialup 後，系統會隨機配對，找到可通話的對象，讓雙方只用語音通話互動。由於是透過網路撥打，所以不論對方在哪個國家，都可以免費通話。

分析　「安心感」與「安全性」是主要考量

OkZoomer 將使用者限制在大學生，這一點很特別，因為有這一層過濾，可讓使用者在使用時獲得安心感；Hinge 的個人檔案是公開的，且需要雙方彼此同意，藉由這些方式確保安全性；Dialup 則受到厭倦視訊會議的人支持，因為是語音交談，所以不用擔心被對方看到自己的樣子。**網路上的交友服務，因可提供安心感和安全性，使業績成長。**

發現新商機！

日本使用派愛族（Pairs）和 Tapple 等戀愛、結婚交友軟體，透過視訊聊天的「線上約會」模式，人氣直線上升。大型婚友服務公司 IBJ，也在 2020 年 3 月推出使用 Zoom 的「視訊相親」。註冊會員在個人檔案增設是否同意「視訊相親」的選項，雙方皆同意才會進行。根據部分結果顯示，因為在自己家比較放鬆，可以專注在對話上，所以進展到下一階段「準男女朋友」的比率達到 50%，比實際見面的 30% 還高，表示線上的成功率比較高。線上約會和視訊相親，以年輕人為主，正逐漸變成一種常態。

未來有發展潛力的，是限定型的線上約會服務，像將使用者限制在大學生的 OkZoomer、僅提供語音通話的 Dialup

前言　醫升疫後贏家的獲利模式大全

第1章　「超距離」商機

第2章　「超購物」商機

第3章　「超娛樂」商機

第4章　「超專業」商機

第5章　「超資訊」商機

第6章　「超企業」商機

第7章　「超地域」商機

後記　商務活氣給懂得適應變化的人

參考資料

等。限定的方式有很多種，例如：學生限定、醫師限定、運動員限定、藝術家限定、LGBT[*]限定等。

此外，在美國以電話或影片的方式，教導線上約會的方法、鼓勵會員、維持熱度的約會教練也很受歡迎。像這種鎖定線上方式的約會教練，也有機會發展成新商機。

另一方面，即便是年輕族群，交友要求要有「安心感」的傾向變強。例如，語音社群軟體 Clubhouse 之所以會流行，重點就是在於不用在畫面上露出自己的臉；讓親友和男女朋友之間分享行事曆的軟體「FRIDAYS」，可以只和特定的人分享行程，還可以把雖然是親友或男女朋友，但卻不想被知道的行程設成非公開等，讓人可放心使用，使這款應用程式爆紅；「Nominico」則是在想去喝酒的當下，可對在推特（Twitter）上互相關注的朋友同時發出邀請，快速找到酒友的一款應用程式。這項服務也是因為可僅向信任的對象有效率地發出邀請，才受到使用者的歡迎。各種交友服務，藉由附加「安心感」，因此有很大的機率以年輕人為中心，獲得廣大的支持。

---

* LGBT 是對於非異性戀者的通稱。由四個英文字字首組合而成：女同性戀者（Lesbian）、男同性戀者（Gay）、雙性戀者（Bisexual）與跨性別者（Transgender）。

03 婚喪喜慶不到場
依舊不失禮節

疫情前

親自出席告別式

疫情後

線上登入緬懷故人

先驅案例 ⋯⋯⋯⋯

美國　　印尼　　西班牙

前言
晉升後藏家的
獲利模式大全

第
1
章
「超距離」商機

第
2
章
「超購物」商機

第
3
章
「超商業」商機

第
4
章
「超奢華」商機

第
5
章
「超資訊」商機

第
6
章
「超企業」商機

第
7
章
「超地域」商機

後記
商機是商情將
源源變化的人

參考資料

（現象）宗教傳統儀式改在線上舉行

　　歐美約有 75％的國民是基督教徒，每週日上教堂做禮拜，疫情期間，教會陸續開始將實體的教堂禮拜和受洗儀式，改成線上轉播的方式。以往 4 月舉辦復活節慶典時，都會在教會集團做禮拜，但 2020 年有明顯的改變，改成由教會在 YouTube 上播出影片，教徒各自在家祈禱。此外，即使是在回教徒占 9 成的印尼，基督教會也運用線上直播的方式，進行週日禮拜。

　　結婚典禮、告別式等接連線上化。在美國，也開始為無法參加告別式的家人，以 Zoom 或臉書直播的方式，進行同步直播。

　　而在西班牙，免費應用程式「ETERNIFY」備受矚目。由家人為已故親人在應用程式裡製作紀念專頁，再用通訊軟體 WhatsApp 或電子郵件將連結傳送給親朋好友。手機登入後，可以留言寫下思念故人的話、上傳紀念照，還可通知火葬的時間等共享流程表。親人也可利用應用程式事先蒐集思念話語和照片，在告別式當天線上播放給連線的人觀看，彼此交談，共同緬懷故人，而這樣的服務完全免費。

分析 打破疫情和行動不便的障礙

　　海外疫情嚴峻，因為採取嚴格的禁止外出政策等，所以不能舉辦人群聚集的禮拜和告別式，使儀式線上化的情況更普及。此外，平常不便參加的人，像是住在外地、高齡者和身障者等，也可透過「虛擬參加」的方式參與，由於十分便利，因此也加速了普及。

發現新商機！

　　日本有些舉辦實體告別式的業者，提供可追加線上服務的選項，協助無法親自參加告別式的人致哀、供花、透過信用卡支付奠儀等，但目前尚未完全普及。隨著全球高齡化日益嚴重，喪禮更需要新的創意思維。

　　有效果的商業模式之一，是推廣像 ETERNIFY 般的開放式平台。如果能發展類似的應用程式，就能吸引不想舉辦實體告別式的人，以及想參加卻行動不便的高齡者，如此一來，普及的可能性將提高。提供將蒐集到的相片製成紀念冊的付費服務等，也是一個商機。

04 線上續攤，
成員事先一目了然

疫情前

和夥伴在居酒屋碰面

疫情後

點選想參加的飲酒會

先驅案例

英國　美國

現象 ｜ 透過應用程式，參加線上飲酒會

英國倫敦上班族習慣下班後去熟悉的酒館喝啤酒放鬆，但受疫情影響，無法隨意聚會，因此可辦網路飲酒會的「Houseparty」App*爆紅。Houseparty 最大的特色就是和臉書連動，朋友間舉辦的飲酒會，只要是臉書好友都可以參加，不需要花時間設定和寄送網址，只要選取應用程式上的飲酒會，便可直接參加，就像站在實體店外挑選店家一樣。

Houseparty 原本是上限 8 人的直播視訊聊天軟體，2016 年問世後，以十多歲的青少年為中心，掀起了一陣熱潮，隨後使用者急遽減少。2019 年，被以開發《要塞英雄》（*Fortnite*）聞名的遊戲公司 Epic Games 收購，沒想到剛好因新冠肺炎疫情而起死回生。

由於強調休閒娛樂感，所以後來改作為居家對飲的應用程式，也成功獲得使用者的青睞，使用者急速增加，於 2020 年 3 月底達成 200 萬次的下載數。在英國 iOS 商店也創下第一名的紀錄，獲得高人氣。

---

* 已於 2021 年 10 月停止服務。

前言
奪升段後贏家的
獲利模式大全

第1章
「超距離」商機

第2章
「超購物」商機

第3章
「超娛樂」商機

第4章
「超審美」商機

第5章
「超資訊」商機

第6章
「超企業」商機

第7章
「超地域」商機

後記
商機易留給懂得適應變化的人

參考資料

（分析）**可事先檢視成員，再選擇是否參加**

　　跟 Zoom 一樣不須寄送網址，檢視正在舉辦的飲酒會有哪些，點選後便可輕鬆參加。**因為飲酒會會顯示主辦者與成員，所以可以先確認朋友多寡和氣氛是否活絡再進入，這點也是爆紅的主要原因。**此外，還可滑手機螢幕，參加不同的飲酒會續攤，且免費註冊、不限使用時間，在英、美地區，比 Zoom 飲酒會更受歡迎。

發現新商機！

　　Zoom 飲酒會雖然在日本受到歡迎，但 Zoom 是基於開會和授課等商業用途，研發的機能和使用者介面，所以缺乏休閒娛樂感，從這一點來看，特別強調休閒聊天用途的 Houseparty，最適合線上飲酒會使用，內含卡牌遊戲、卡拉 OK 等娛樂功能，不容易膩，只不過語言僅限英語，比如卡拉 OK 的歌曲，只有歐美等語言。

　　日本雖然也發表過「Takunomu」等軟體，提供線上飲酒會的服務，受到好評，但沒有和社群軟體連動，也沒有娛樂功能，期待未來能有擴充線上飲酒會的應用程式和平台出現。

　　另外，社交平台和應用程式出現了「邀請制」的服務，例如語音社群軟體 Cloubhouse，如果沒有朋友給的邀請碼就無法加入，所以使用者會有安心感。倘若線上飲酒會 App 也導入邀請制，然後跟大型聯誼一樣，可以跟不認識的人配對喝酒的話，人氣應該會更高。

05 電腦畫面即教室，教材跟著數位化

疪情前

在教室面對面上課

疫情後

電腦畫面就是虛擬教室

先驅案例 ┈┈┈

中國　英國

前言
當升疫後贏家的
獵利模式大全

第1章
「超距離」商機

第2章
「超購物」商機

第3章
「超娛樂」商機

第4章
「超看護」商機

第5章
「超資訊」商機

第6章
「超企業」商機

第7章
「超地域」商機

後記
商務是留給情勢
適應變化的人

參考資料

（現象）**停課不停學，教育線上化**

中國在疫情前就率先導入數位教育和線上學習，涵蓋幼稚園到小學學習內容的應用程式「納米盒」，人氣變得更高了。以成為「家長的祕書、老師的幫手、孩子的夥伴」為概念，內容包含全中國約 95％的教科書，提供 2,500 種以上的學習內容，透過影像、聲音和圖片，不只可預習和複習，還具有朗讀和檢查英語發音的功能。在因新冠肺炎疫情長期停課期間，加入了更多使用者，根據 2021 年 2 月 1 日的統計數字，累計下載數超過了 2 億9,000 萬次。

而在封城狀態下的英國，班導師每週都透過通訊軟體，將學習課題及自製影片等傳給學生，但小學生因不能每天和同學見面，產生了心理壓力，家長也對擔負家中孩子的教育感到不安。因此家長自動自發開始使用WhatsApp，將孩子寫給朋友的信及照片，互相傳送給對方，變成「數位交換日記」。此外，家長還發起了用Zoom 或 Skype 輪班進行「團體說故事」的活動。英國廣播公司（BBC）也在 2021 年 1 月，政府宣布第三次封城後，為了缺乏上網資源的學生，決定播出依照學校課程製作的正規教育節目，自 1 月 11 日開始播出。小學生的節目是平日上午 9 點開始，每天播放 3 小時；國中生的節目則每天至少播出 2 小時。

分析 不只有助孩童學習,也強化親子關係

由於「納米盒」基本上是免費的,學習內容也非常多元、教材豐富,所以普及得很快。另外,還提供付費式電子參考書下載、付費式課程,價位約在數十元人民幣,嘗試挑戰商業化經營,不只孩童在使用,很多不曉得該如何教孩子寫作業的父母也在使用這項服務。

在英國,家長想辦法實現孩子們想與朋友聯絡的心願。**不只讓孩子間產生了連繫,親子關係也會因家長間的交流而深化**,因為想要幫助孩子、為孩子克服困難,是家長共同的原動力。此外,公共媒體播出孩子上課內容的節目,這種為社會奉獻的態度,也獲得了許多共鳴。

發現新商機!

日本每位學生一台平板的「GIGA School 構想」,這個計畫因疫情提前實施了。然而,最重要的教材部分,實際上卻很貧乏,未來就算教材變充實,仍須舉辦研習訓練,讓老師能使用教材來解決學生的問題,進行教學指導,並防止老師因指導能力不同,造成學生學習差距。

想要像「納米盒」一樣,超過9成的教科書線上化,並準備教學影片等,應是困難重重,但由製作教科書的出版社率先發展數位化及影片播放,舉辦老師們的線上授課研習,提供

所需的支援，則會是一項有發展性的商機，即使無法全面普及，但只要再遇到因疫情而停止上課的情況時，就只要切換成線上上課模式，學習就不會中斷。

前言
晉升疫後贏家的
獲利模式大全

第1章
「超距離」商機

第2章
「超購物」商機

第3章
「超娛樂」商機

第4章
「超奢華」商機

第5章
「超資訊」商機

第6章
「超企業」商機

第7章
「超地域」商機

後記
商機是獻給懂得
逆勢進化的人

參考資料

06 智慧健身鏡，
虛擬專業教練到你家

疫情前

上健身房健身

疫情後

使用智慧健身鏡，
在家也能確實健身

先驅案例 ⋯⋯⋯⋯⋯

美國

前言　晉升疫後贏家的獲利模式大全

第1章「超距離」商機

第2章「超購物」商機

第3章「超娛樂」商機

第4章「超智慧」商機

第5章「超資訊」商機

第6章「超企業」商機

第7章「超地域」商機

後記　適應變化的人

商機是留給懂得

（現象）**取代上健身房，掀起居家健身潮**

　　因疫情警戒而無法上健身房，可在家健身、具通訊功能和可顯示影像、數據的健身鏡，受到運動族群關注。主要的業者為美國 MIRROR、Tonal 和 Tempo。

　　使用 MIRROR 的服務，鏡中會出現自己的樣子，配合鏡內影像教練的指示和動作，可以做 15 ～ 60 分鐘的健身運動。健身時，鏡子會和手腕上戴的智慧型手表連動，讓使用者可在鏡子上確認心跳等數據。健身鏡本體價格為 1,495 美元，每月的使用費（訂閱制）為 42 美元起，一台可供 6 位家人登錄使用，線上播放的健身影片，可分為 50 個領域，共有 1 萬種以上。此外，還有提供人氣教練的線上直播健身課程（見圖 6-1）。

（分析）**如同實體課程的體驗，使人氣急遽攀升**

　　美國健身器材新創公司 Peloton 號稱「健身業界的網飛（Netflix）」，Peloton 掀起的風潮，至今仍記憶猶新。在健康意識高漲的美國人間，這樣的居家健身服務很受歡迎，再加上因為疫情的關係，原本在上班前、下班後，或假日習慣上健身房的人，無法再到健身房運動，促使如同上實體課，能接受教練指導、從鏡中確認自己姿勢是否正確，在家中就能健身的健身鏡，人氣急遽上升。

圖 6-1　配合鏡內影像教練的指示，在家也能健身

圖片來源：MIRROR 新聞發布資料

發現新商機！

健身業因新冠肺炎疫情遭受巨大打擊，正在摸索未來的方向。

對業者來說，智慧健身鏡不只是為將來疾病大流行時做準備，也有很大的潛力可滿足限制外出的居家需求，讓目前須透過電腦或手機連線上健身課的使用者，有更豐富的零接觸健身體驗，帶來新商機。日本 IT 新創公司 GLC 已開始銷售健身專用的智慧鏡「Smart Mirror 2045 for Fitness」，即將在日本快速普及。

至今仍受疫情影響的實體健身房、運動教室，今後該如

何透過健身鏡，將居家健身的體驗和健身房健身無縫銜接，讓會員願意在家和健身房兩邊往返，這項挑戰將會是創造商機的關鍵。

前言
晉升疫後贏家的
獲利模式大全

第1章
「超距離」商機

第2章
「超購物」商機

第3章
「超娛樂」商機

第4章
「超奢華」商機

第5章
「超資訊」商機

第6章
「超企業」商機

第7章
「超地域」商機

後記
商機是留給懂得
適應變化的人

參考資料

07 不用搭飛機，世界景點盡在眼前

疫情前

參加旅行團旅行

疫情後

透過手機
虛擬旅行觀光勝地

先驅案例 ⋯⋯⋯⋯

英國　泰國等國

前言
醫升疫後贏家的
獲利模式大全

第
1
章
「超距離」商機

第
2
章
「超購物」商機

第
3
章
「超娛樂」商機

第
4
章
「超孝養」商機

第
5
章
「超資訊」商機

第
6
章
「超企業」商機

第
7
章
「超地域」商機

後記
商機也將給懂得
適應變化的人

參考資料

現象　在家就能遊覽世界著名景點

　　英國知名博物館和觀光團開始陸續推出虛擬旅行的服務。大英博物館、英國朗利特野生動物園和世界遺產巨石陣等景點，為了滿足宅在家孩子的求知欲，讓孩子們度過有意義的時光，提供了高品質的 VR 體驗。朗利特野生動物園最早提供的虛擬旅行是三天的行程，有來自澳洲、紐西蘭、美國、印度、阿拉伯聯合大公國的視聽者報名，共 55 萬 4,000 人參加體驗。

　　泰國觀光局除了以官方網頁和社群平台，提供國內 9 縣 10 個點的線上觀光，還以手機應用程式提供曼谷、清邁、素叻他尼、普吉島 4 個熱門景點的虛擬旅行服務。世界遺產素可泰遺跡的西春寺 15 公尺高佛像、泰國東北地區最大的高棉遺址等，都可以透過虛擬漫步來體驗。另外，博物館及美麗海灘等觀光勝地，也可以**透過觸碰手機畫面、點選電腦螢幕，進行 3D 探索**，除了泰語版，還提供英語版、日語版等多語言版本。

分析　「居家」讓 VR 旅遊獲得高人氣

　　各國禁止或限制外國人入境，讓以往的海外旅行變得遙不可及。「居家」的時間很漫長，不只小孩，就連大人也迷上用 VR 的方式探索世界旅遊勝地。這類服務的使用

者也因而增加，特別是觀光大國泰國提供的虛擬旅行，不論是內容或種類都出類拔萃，獲得高人氣。

虛擬旅行可分入境（Inbound）和出境（Outbound）兩個面向。一般人為了追求海外旅行的模擬體驗，主動線上造訪外國的是「出境」；以從前觀光熱門景點為主體，將各地的魅力以線上體驗的方式提供給海外的人是「入境」。「入境」不只推廣觀光勝地的旅遊體驗，還附加當地體驗，以日本為例，像是捏壽司、做日本料理、日本酒講座與品酒會等，內含真實體驗的複合型虛擬行程，受到大眾的歡迎。

發現新商機！

除了政府及各種團體舉辦的虛擬旅行，參加者在家使用電腦或手機，利用 Zoom 等軟體連線，由住在海外的日本人，介紹自己住的地方及有名景點的線上導覽也開始普及。時間為 30～60 分鐘，費用為數千日元（約數百至數千新台幣不等），透過直播的方式連線導覽。因為新冠肺炎疫情而人車減少的地區，也能將風景真實呈現出來，是了解當地現況的難得機會。

表達自己的需求與疑問後，導覽者就會回答或移動，也就是所謂的「替代旅行」，可以聽到當地人才知道的資訊，享受和導覽者對話的樂趣，讓這項服務得到出乎意料的高評價。

前言
疫後贏家的
獲利模式大全

第1章
「超距離」商機

第2章
「超購物」商機

第3章
「超娛樂」商機

第4章
「超產業」商機

第5章
「超資訊」商機

第6章
「朝企業」商機

第7章
「超地域」商機

後記
商標商資給懂得
適應變化的人

參考資料

另外，還有讓人在報名實體旅行前可先確認地點的「場勘之旅」的功能等，今後要發展為一種商業模式是有可能的。旅行社規畫好這項新的服務，讓接案的導覽員在當地待命，一有人報名馬上就開始直播導覽，這樣的虛擬觀光，似乎也抓到了消費者的需求。

前文介紹過結合虛擬與實體的「入境」體驗，不僅有助旅遊推廣，也可用促銷各地特產的文案，作為開拓海外通路及調查當地需求等全球化市場行銷企畫，提案給想要進軍海外市場的企業。

此外，國外知名博物館和美術館的虛擬旅行，在日本年輕人間也很流行，但日本的博物館和美術館在應對上似乎慢了一大截。之前的塩田千春[*]展、佐藤可士和[†]展、時尚品牌 LV 展覽「LOUIS VUITTON &」，以及用聞的「氣味展」等，都受到年輕族群的歡迎，在養成看展習慣之際，不妨以虛擬旅行為鉤子，抓住消費者的需求。

---

[*] 日本當代藝術家。
[†] 日本知名藝術總監，曾為優衣庫（UNIQLO）、日清食品等打造經典設計。

08 免排隊候診，視訊診療更便利

疊情前

辛苦跑醫院

疊情後

透過視訊診療，
家裡就是診療室

先驅案例

美國　印尼

前言
疫情後贏家的
獲利模式大全

第1章
「超距離」商機

第2章
「超購物」商機

第3章
「超娛樂」商機

第4章
「超奢華」商機

第5章
「超資訊」商機

第6章
「超企業」商機

第7章
「超地域」商機

後記
商機是留給懂得
適應變化的人

參考資料

(現象) **擴大導入視訊診療**

　　沒有全民健康保險制度、醫療費非常昂貴的美國，是視訊診療的先驅國。當有發燒和咳嗽的症狀，但無法決定要去醫院還是在家觀察時，先透過線上看診後再決定，這樣的服務在美國很早就開始普及了。這項服務通常需要支付註冊費和年費，但在疫情期間，不少醫院都願意免費提供 3 個月的體驗服務，或針對感染者較多的地區提供免費服務。

　　在印尼使用視訊診療的人也急速增加。除了可以向醫師諮詢，還具備介紹醫院、購買非處方籤藥物的功能，其中有幾家業者還提供「新冠肺炎免費診斷」的服務，甚至有電信業者針對這項服務，推出免收上網費的優惠。經營視訊診療平台的印尼健康科技公司 Alodokter，也因此市值飆升。2020 年 3 月，造訪 Alodokter 網站的使用者人數為 6,100 萬，活躍使用者為 3,300 萬人，是新冠肺炎疫情發生前的 1.5 倍。印尼總統也對視訊醫療的發展，表示支持與感謝，可以想見，未來將逐漸進入人們的生活。

(分析) **節省醫療費、降低染疫風險**

　　在醫療費用昂貴的美國，很多人就算需要去醫院也會猶豫半天，但利用視訊診療，不僅可獲得正確的診斷，還

能避免進入感染率高的醫院，有助防止疫情擴大。以美國虛擬健康平台 CareClix 為例，當出現高燒等症狀時，只要事先預約，原本 65 美元的視訊診療費就能免費，這項服務適用於全美國，任何人都可以使用，因此使用者激增。

發現新商機！

　　新冠肺炎疫情下的日本，各種診療開始居家化，使用者不分世代都明顯增加，在家接受健康檢查的人急速成長，成為一股潮流。

　　日本政府例外允許疫情期間，從初診便可實施視訊診療，且考慮要延長為永久實施。此外，線上藥局可透過電話或視訊通話，提供用藥指導及藥物配送等服務，醫療服務的線上化進入了急速發展的階段，再加上提供視訊診療系統的新創公司，也如雨後春筍般嶄露頭角，讓平台霸權的爭奪戰變得更為激烈。實際看來，醫療院所導入視訊診療的需求確實提高了，健康平台與顧問經濟的商機也會擴大。

　　另一方面，放眼未來，視訊診療普及後，由於不需要特地奔波醫院，對於疾病的預防也有助益，也就是說，在病情還不嚴重、身體稍微不舒服的狀態下，便可透過簡短的對話獲得醫生的意見，後續的追蹤觀察也都可以透過視訊進行。假設把這項服務變成訂閱制，讓人隨時都可諮詢，使用者會更安心，也能成為醫師的新收入來源。

　　日本是全球最高齡化的社會，可將視訊診療結合 VR，或

可讓住院的高齡患者使用 VR 和家人見面，讓對話更具臨場感等。這項商機可擴大到各領域。

此外，新冠肺炎疫情下的美國，嘗試將谷歌智慧助理 Google Nest、亞馬遜智慧助理 Amazon Echo 等智慧喇叭裝設在病床上，讓醫療人員有需要時可和患者進行遠距溝通，且只有病患狀況惡化時才需要醫師到場，實現了部分維持社交距離的醫療方針。不只是醫院，這同樣可應用在長照現場。導入及支援這領域的商機已經萌芽。

前言 暴升疫後贏家的 獲利模式大全

第 1 章 「超距離」商機

第 2 章 「超購物」商機

第 3 章 「超娛樂」商機

第 4 章 「超審養」商機

第 5 章 「超資訊」商機

第 6 章 「超企業」商機

第 7 章 「超地域」商機

後記 商機一觸即發 適應變化的人

參考資料

第 **2** 章

「超購物」商機：
零接觸的購物體驗

從無人配送到直播帶貨、VR商店、虛擬看
房；因為可防止新冠疫情擴大，所以購物時
「零接觸」、「不見面」的模式，普及的速
度一下子加快了。不用到現場也可以買東西。
享受過格外便利的滋味後，即便新冠疫情告
終，這種「新標準模式」，在各界的需求都
勢必會增加。

零接觸智慧服務，降低染疫風險

疫情前

款待型面對面服務

疫情後

購物和餐飲
都採零接觸

先驅案例

美國　　英國　　中國

前言　替升疫後贏家的獲利模式大全

第1章　「超距離」商機

第2章　「超購物」商機

第3章　「超外送」商機

第4章　「超零售」商機

第5章　「超資訊」商機

第6章　「超企業」商機

第7章　「超地域」商機

後記　商業的經營進化的人

參考資料

(現象)　**零接觸、智慧化成服務趨勢**

在美國，行動支付再次受到關注。下載專用 App 到手機，再掃描要買的商品，結帳也是用 App 內的信用卡付款功能就能完成，商品維持放在購物袋中，不用拿出來就能走出商店。因為**不需要接觸店員**，**還能節省時間**，不只亞馬遜 Go（Amazon Go），7-11、美國連鎖百貨美斯（Macy's）、美國跨國零售企業沃爾瑪（Walmart）旗下的山姆會員店（Sam's Club）等企業也紛紛投入研發或開始試營運。

美國最大的超市克羅格（Kroger）還與紐約新創公司 Caper 合作，開始實驗性導入其研發具人工智慧（AI）的智慧購物車「KroCo」，不需要下載 App，消費者掃描商品後，就能直接使用購物車上的終端裝置以信用卡結帳。

英國零售商 Ubamarket 則提供了更便利的功能。在安裝 App、編輯好購物清單後，App 就會自動顯示清單上商品的擺放位置，消費者不須東找西找，就能拿到商品。將商品掃碼後放入購物籃，等到清單上的商品都放入購物籃後，只需用 App 結帳就完成了。Ubamarket 目前正在推廣這項商業服務，希望讓零售店等導入這項科技。

在中國，有幾家外送服務公司，在 2020 年 3 月初導入了餐點專用的智慧取餐櫃，在此之前，零接觸式服務都是將餐點放在入口大廳或門外臨時設置的帳篷，發生不少

拿錯餐點的糾紛。

　　智慧取餐櫃，不只具備保溫功能，還會隨時消毒。取餐時，掃描下單時手機上顯示的 QR Code，餐點的存放格才會打開。上海設了 1,000 台，未來打算普及到全中國。

　　此外，2020 年 3 月在上海開店的棲蠵地（Caretta Land）餐廳，也成為人們討論的話題。這是一家以赤蠵龜為主題的娛樂型餐廳，這家店裝有機關，將透明的玻璃地板下裝潢成海底的樣子，當消費者以桌上的平板完成點餐和付款後，赤蠵龜機器人就會將裝著餐點的蛋形膠囊抱在腹部下方，從廚房運送到地板下方，等赤蠵龜抵達點餐桌，赤蠵龜就會生「蛋」，打開蛋殼後，便能看到餐點在裡面（此店已在 2020 年 12 月歇業）。

現象 防疫安全是關鍵

　　和疫情前截然不同，現今不論是買東西還是去餐廳，都必須避免與人接觸，因此要想盡辦法研發零接觸的服務，才會大受好評。過去，像這樣的科技，都是從方便性和效率的角度來考量是否應該導入，但現在不同，防疫有關的「安全性」成為新關鍵，例如，以前述的超市案例來說，因受到新冠疫情的影響，人們要避免長時間待在同一個地方，所以要節省找商品的時間、節省在收銀機前排隊的時間、縮短購物時間，於是開始流行。

前言
獲利模式大全
醫升投後贏家的

第1章
「超距離」商機

第2章
「超購物」商機

第3章
「超娛樂」商機

第4章
「超產車」商機

第5章
「超資訊」商機

第6章
「超企業」商機

第7章
「超地域」商機

後記
商機造留給懂得
適應變化的人

參考資料

發現新商機！

　　日本「零接觸」同樣成為關鍵字。例如，開始有超市導入裝設有平板終端設備和條碼掃描器、不用現金就能結帳的「智慧購物車」。消費者先用掃描器讀取儲值卡，再掃描商品條碼購物，不須使用人工收銀機或自助收銀機就能完成結帳，實現不見面、零接觸的服務。未來，說不定將當天要煮的菜單輸入 App，就會自動顯示所需食材和食材在商店裡擺放的位置，甚至可以將更方便的服務規畫進藍圖。

　　在餐廳方面，也有越來越多餐廳使用機器人送餐等。除了克服零售店及餐廳人手不足的問題，也能落實不見面、零接觸的原則，實現 AI 化的目標，今後勢必會日漸普及。

　　中國案例中的可保溫保冷的智慧取餐櫃，不只可以不用見面就交付餐點，且過了一段時間依然可維持鮮度與溫度，是一項拓展餐飲宅配商機有利的工具。設置在醫院、辦公大樓、住宅大廈的大廳等地點，勢必會廣受歡迎。尤其是都會區的住宅大廈，小坪數的房子很多，若能增設具有設計感的取餐櫃，還可作為擺飾供網紅拍照，接受度應該會更高。

10 無人機和機器人配送
取代傳統人力

疫情前

由送貨員開車運送

疫情後

送貨員變成
無人機和機器人

先驅案例

美國　中國

前言 零升疫後贏家的獲利模式大全

第1章 「超距離」商機

第2章 「超購物」商機

第3章 「超減菌」商機

第4章 「超產業」商機

第5章 「超前」商機

第6章 「超企業」商機

第7章 「超刑事」商機

後記 因應苦野情境遠距化的人

參考資料

（現象）**因限制外出，外送服務業績成長**

因疫情限制外出，人們無法跟以前一樣自由外出採買日用品和領處方箋等，這對高齡族群來說尤其不便。因此，谷歌母公司 Alphabet 旗下專門研發無人機配送的公司 Wing（見圖 10-1），開始在美國提供以無人機來運送藥品和日用品的宅配服務，因這項服務擴大至咖啡店及烘焙店，而成為注目的焦點。

圖 10-1　Wing 公司提供無人機配送服務

圖片來源：Wing 公司的新聞資料

根據美國維吉尼亞州麵包店 Mockingbird Cafe 表示，剛開始封城時，使用無人機配送的獲利就占了總營收的 25％；位於澳洲洛根市的 Extraction Artisan Coffee 也使用 Wing 外送咖啡，咖啡師因此保住了他們的工作。

另外，美國西岸矽谷的山景城，新創公司星艦科技

（Starship Technologies）研發的快遞機器人受到重用，只要在專用 App 上點餐結帳，快遞機器人就會將市區餐廳的餐點或超市的商品等，自動配送到指定的住所或辦公室等地點。

在北京，則是開始採用無人駕駛的外送車來送水餃，外送車具有保溫功能，一次最多可以送 24 份餐。消費者在無人駕駛車抵達後，讓車子掃描手機上的 QR Code 後，就可以將水餃從車內取出。無人駕駛車據說是利用 5G 通訊自動操作功能，以及車體上裝的感測器避開障礙物，順利運行。

分析 **防疫需求，加速了各領域的運用**

世界各國從以前就一直在進行實驗，希望能利用無人機及無人駕駛車提供宅配服務。這項服務自新冠疫情爆發後，從限制外出、不見面、零接觸等政策來看，更具需求，因此加速了普及。此外，零接觸的政策在目前宅配實務現場也相當受到重視，例如，在日本，只要將包裹放到玄關就算宅配完成，這種「放門口」的方式變成普遍做法 *。

---

* 台灣外送平台也有推出類似服務，將消費者訂購的商品放在門口，實踐零接觸的政策。

前言 提升疫後贏家的獲利模式大全

第 1 章 「超距離」商機

第 2 章 「超購物」商機

第 3 章 「超娛樂」商機

第 4 章 「超○」商機

第 5 章 「超資訊」商機

第 6 章 「超企業」商機

第 7 章 「超地域」商機

後記 商機尚覺得適應變化的人

參考資料

發現新商機！

　　日本物流公司及樂天集團也反覆進行無人機配送的實驗。物流公司西濃運輸和研發無人機的 Aeronext 合作，在山區的部落自 2021 年 4 月起開始首次的固定運行，將包裹運送到住宅地附近的降落場後，收到電子郵件通知的居民再去領取包裹。日本政府預計在 2022 年鬆綁規定，包含都市區在內，許可「視距外飛行」[*]，一旦成真，在都市區也能使用無人機來宅配，這或許會成為以空中無人物流取代傳統人力物流的契機，並且解決配送員不足和汽油價格上升的問題，日本郵便及雅瑪多國際物流公司也正在推展實驗計畫。當疫情大流行再發生時，無人機配送可以作為持續營運計畫（Business Continuity. Planning, BCP）的良好對策，未來在配送領域或許會獨占鰲頭。

　　設置降落場的費用，一個點大概是數十萬日元，在山間部落區，投資不用 100 萬日元（約新台幣 25 萬元）就能做好基礎設施，成本低頗具吸引力，讓中小企業也能有加入戰局的機會。中距離以無人機運送，從降落場到收件人地址的配送則交給無人駕駛車，這樣的組合也會有不錯的效果。

　　由於日本高齡化嚴重，因此人口正面臨前所未有的減少，勞動人口也不斷下降，再加上新冠肺炎疫情，導致國外技

---

[*] 意即超出操作人的視線範圍。目前台灣《遙控無人機管理規則》規定，延伸視距飛航者，最大範圍為以操作人為中心半徑 900 公尺、相對地面或水面高度低於 120 公尺內之區域。

能實習生及留學生銳減，情況變得更加嚴峻。事實上，相較於受新冠肺炎疫情的影響，很多企業倒閉的原因，反而是因為人手不足，此外，網購市場的擴大，也讓宅配人手不足的問題變得更為嚴重，有必要大幅強化「無人配送」服務。

11 直播下單，
產地來源更透明

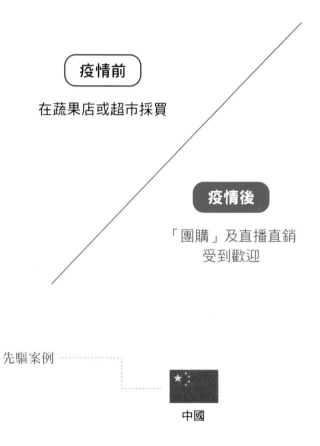

疫情前

在蔬果店或超市採買

疫情後

「團購」及直播直銷
受到歡迎

先驅案例

中國

現象 App 下單與直播銷售成新常態

在中國，疫情警戒期間，許多高齡者學會了如何操作「盒馬鮮生」等食材外送 App。訂好生鮮食品後，會在 30 分鐘內免費配送到家，十分方便。另一方面，以高齡族群為主要客群的蔬果店和超市，也開始有了危機感，展開以鄰里為單位提供團購服務，將米、蛋、油等日用食材，以優惠價格賣給數十個家庭組成的團體，這樣的形式在部分區域已成為常態。

另外，在直播軟體「快手」上，透過直播賣菜的農民增加，也是令人矚目的趨勢。快手公司是 2020 年中國春節聯歡晚會的贊助商之一，和節目聯名的手遊及禮物企畫，讓快手的使用者暴增。快手的另一項特徵是在直播畫面下方，直接設有購買用的「購物車」按鈕。

分析 看得到生產者，食得安心

小單位團購流行的原因，是因為在新冠肺炎疫情下，強化了鄰里的向心力，使得對團體的銷售變得容易。另一方面，農民因疫情而無法將採收的作物經由批發通路銷售，改以直播的方式介紹農田和耕作的樣貌，將蔬果以產地直銷的方式販售，由於消費者可以直接向生產者詳細詢問品質及尺寸等問題，充分掌握商品資訊，因而獲得好

前言　曾升疫後贏家的獲利模式大全

第1章　「超距離」商機

第2章　「超購物」商機

第3章　「超娛樂」商機

第4章　「超奢華」商機

第5章　「超資訊」商機

第6章　「超企業」商機

第7章　「超地域」商機

後記　商機是留給懂得適應變化的人

參考資料

評，使得利用這項服務的人增多。

　　農民的直播帶貨會爆紅的原因，也是因為中國擔心食安的消費者本來就較多，能透過直播看到生產者，心理上便產生安心感，且因為看得到生產者，也會產生親切感，想幫助對方度過困境，推升買氣。另外，在政府呼籲盡量避免外出、無法去旅行的狀態下，看了農場及農田的直播，會讓人有身歷其境的感覺，消除長期無法外出的鬱悶情緒，也讓人氣直線上升。

發現新商機！

　　在日本，和社群軟體上的好友一起團購，就能享有優惠價的「KAUCHE」App（見圖 11-1），使用人數逐漸攀升，或許可以考慮將這樣的團購型服務推薦給傳統的社區鄰里。使用智慧型手機的高齡人口不斷增加，且因新冠肺炎疫情，鄰里變團結了，現在正是有利發展的時候，且直播銷售的模式，在日本同樣以年輕族群為中心受到歡迎，只不過還停留在藝人及網紅的階段。

　　日本是世界第一的高齡化國家，更應鎖定高齡族群來銷售。目前，因新冠肺炎疫情的影響，農民批發給餐飲店的食材減少，使生計受創，若能透過直播將高齡者與生產者連結在一起，對雙方來說都有很大的助益。所幸在日本鄉下地區，公路休息區及直銷所內，農民的產地直銷櫃位人氣很高，以前必須要開車前往，但若能使用「快手」般的 App 購買，商圈便可

擴展至全國。

　　直播可以連結消費者與生產者，甚至還可以直接造訪產地，來趟農場體驗等，或許能發展成新的旅遊模式。

圖 11-1　KAUCHE 能透過揪團方式，享有優惠價

圖片來源：KAUCHE 新聞資料

12

看直播就能參加
百貨週年慶

疫情前

在百貨公司
親自挑選商品

疫情後

透過直播帶貨獲得類似
親自購物的體驗

先驅案例

中國

現象 **邊直播邊賣貨的銷售創佳績**

在中國，直播帶貨還擴展到了購物中心及百貨公司。

北京的僑福芳草地購物中心，為了想要提供消費者更多購物樂趣，推出了線上直播服務；同樣地，位於北京西單的大悅城，在新冠肺炎流行期間，也有超過二十個品牌進行直播宣傳，短短 3 小時，就能賺到平時一週的營收，接待的顧客數，幾乎跟過去 7 個月的來店人數一樣。

另外，上海的老牌百貨公司第一八佰伴，在 3 月 8 日婦女節當天，使用自家平台「八佰伴智慧購」進行直播帶貨。在中國，婦女節當天女性可休半天假，所以很多商業設施、餐廳及主題公園都會推出當天下午限定的特賣或促銷活動，只不過因為新冠肺炎疫情的影響，外出的人減少了，才換成直播帶貨的方式。

5 個小時的直播中，主持人共逛了 5 家店，由服務員介紹最推薦的特價商品，觀眾就像在逛百貨公司，直播過程中若有遇到喜歡的商品，直接放到購物車結帳即可。當天除了八佰伴，上海市內的萬達廣場、百聯、晶耀等百貨公司或購物中心都進行了直播銷售。不論是哪一間百貨公司，主要客群都是中高齡者，可見邊看直播邊購物的方式，不只是年輕人買單，受歡迎的世代其實更廣。

前言 普升疫後贏家的 獲利模式大全

第1章 「超距離」商機

第2章 「超購物」商機

第3章 「超娛樂」商機

第4章 「超奢華」商機

第5章 「超資訊」商機

第6章 「超企業」商機

第7章 「超地域」商機

後記 商機是勿給懂得 順應變化的人

參考資料

分析 提供介於網路與實體間的體驗

單純逛網路商店消費，已經無法滿足消費者，直播帶貨的服務，擁有逛百貨公司的模擬體驗，在疫情期間，不用親自去實體店，就可享受在家購物的便利性，再加上這種介於網路與實體間的購物方式，不僅方便，還是一項愉快的新體驗，因此使用者比預期的還多。

發現新商機！

在日本，網紅的直播帶貨曾有一陣子受到矚目，但並未普及。部分的百貨也曾試過讓消費者經由電腦或手機登入，操作設置在館內的步行機器人，邊聽店員介紹邊購物的實驗，但有機器人設備問題，以及館內有其他顧客時該如何確保安全動線等課題。

在這樣的狀況下，讓店員在館內巡迴介紹品牌和人氣商品，再由來賓說明使用方法的直播帶貨模式，實施的門檻較低，是效果可期的方法。雖然有部分廠商導入這項服務，但是否能提供消費者接近實況的體驗，會是這項服務能否成功的關鍵。例如，由專人在百貨公司遊走導覽，介紹每天的推薦商品，若有這樣的直銷帶貨服務的話，鐵定會受到歡迎。有專人回答消費者的問題，且消費者無論何時都可自由上線或中途離線的話，會讓人感覺更方便，請人氣 YouTuber 或藝人、網紅來導覽也是一個方法。

　　實際上，日本也開始有成功案例。例如，人氣偶像菅本裕子就創立了 D2C（Direct to Consumer）的品牌來生產化妝品，因將直播帶貨鎖定在年輕人客群而爆紅；不過另一方面，也有發生直播帶貨與傳統百貨超市的實演銷售、Japanet Takata 的電視購物產生扞格，無法發揮效果的狀況。未來應該將新舊手法融合，作為擄獲百貨公司與電視購物銀髮族客群的武器，致力於將傳統銷售手法轉向直銷帶貨。

　　此外，還有來自美國紐約的 SHOWFIELDS 百貨計畫要在日本開幕，這是一間專供 D2C 品牌駐點的百貨，也相當引人注意。這家百貨公司裡陳列了 D2C 的商品，消費者實際試穿、試用後，若覺得滿意，再到電商平台下單購買，也就是所謂「零售即服務」（Retail as a Servise, RaaS），的展示廳商店（Showrooming）＊。像這種 RaaS 型的店，不只 SHOWFIELDS 百貨，還有 2020 年夏季在新宿與有樂町開店的 b8ta 等，且正逐漸增加中。若是能針對每款商品，或以店內巡迴的方式進行直播銷售，年輕人將會蜂擁而至。

＊ 指在實體商店內檢視某項商品後，卻不當場購買，而是透過網絡購物的方式下單。

13 VR 商店 24 小時不打烊

疫情前

在營業時間內
接受店員服務

疫情後

24 小時任你逛的
虛擬購物

先驅案例

英國　美國

現象 擁有實境感的虛擬商店

美國一間提供 B2B（Business to Business）電商平台服務的公司 NuORDER，推出虛擬展示間的服務，讓服飾及戶外用運動品牌可以展示商品。顧客可以從各角度觀察商品，拉近放大鏡頭，品牌還可以追加發表會上的伸展台影像、形象影片及設計師專訪等內容。在 NuORDER 平台上銷售的產品有 4 億 1,000 萬件，可使用的貨幣種類超過一百種。

同類型的公司 Storefront 與擅長 VR 及 AR（擴增實境）技術的 Obsess 合作，提供支援程式的服務，讓零售業者、時尚品牌及設計師可以透過 VR 商店獲得新顧客。已有實體店面的商店，就照實體店面的樣子將商店 VR化；還沒實體店面的店家，可以設計一間全新的 VR 商店，讓消費者在 VR 商店內逛街，看到想要的商品可以立刻購買，或使用 VR 眼鏡在虛擬商店內走動，帶來實境感更強的虛擬體驗。

在線上購物業績成長的英國，人氣百貨公司約翰·路易斯（John Lewis）開了一間虛擬聖誕商店，以 3D 購物之旅的方式，讓消費者在家裡卻能有在店內逛街的感覺，一邊欣賞閃亮的聖誕樹和桌上華麗的聖誕擺飾，一邊點選喜愛的商品進行採買。

前言　看升疫後贏家的獵利模式大全

第1章　「超距離」商機

第2章　「超購物」商機

第3章　「超娛樂」商機

第4章　「超零售」商機

第5章　「超資訊」商機

第6章　「超企業」商機

第7章　「超地域」商機

後記　商機是留給懂得適應變化的人

參考資料

（分析）**提供接近真實感的購物體驗**

　　因為使用平台服務，就能將店面輕鬆虛擬化，所以從前就在摸索的服飾店，現在積極導入 VR。對於消費者來說，**雖然真實感不如實體店，但可以自己操作設備享受逛店樂趣，還可以 360 度確認商品狀態**，接近真實體驗，也因為具有新鮮感而頗受歡迎。多虧谷歌地圖服務問世已有一段時間，使用者已經習慣這種 3D 虛擬空間，加上直覺式的操作方式，都是促成普及的主要原因。

發現新商機！

　　一邊翱翔 3D 虛擬空間、一邊購物的體驗，即使進入後疫情時代的新常態生活，加速導入的可能性依然很高。商店不須負擔高額成本便可 VR 化，在線上拓展客群，不過目前的 VR 商店，缺少了真實生活中和店員及同行好友的對話，非常地「安靜」。跟好友一起以虛擬替身登入虛擬商店逛街，有問題時就用聊天功能詢問，實體店裡的店員可即時回覆等，這種溝通的機制會變得十分重要。倘若能因這些功能而讓購物體驗變得更加愉快，定會加速 VR 商店的常態化。

　　另外，中國的摩天大樓長沙國際金融中心，將商業設施結合 5G 網路、AR 及混合實境（Mixed Reality, MR）的購物導航系統「iGO」，成了熱門討論話題。只要用手機掃描，CRM 系統會分析顧客的行動與喜好，配合位置資訊即時在手

機畫面上顯示商店資訊、新商品情報及快閃特賣等資訊，為避免顧客在館內迷路，也會提供導航的服務。iGO 是一款特殊的軟體，不需要下載安裝，便可以透過微信即時存取使用，不只是居家的 VR 體驗，在真實的購物中心應用 MR 購物體驗也在進化，利用科技讓購物進行數位轉型，也同樣受到關注。

　　VR 及 AR 科技以疫情為契機，一下子在市場上站穩了腳步，這股風潮已成為一股不可逆的趨勢。等到後疫情時代，不使用這些平台建構虛擬空間的企業，恐怕將面臨衰退。

14 估價、看房，線上一次完成

疫情前

實地看房
確認細節

疫情後

想看屋時，就用
線上虛擬賞屋方式

先驅案例

美國

現象 推出虛擬賞屋之旅

美國即便是在疫情期間,不動產的成交數也沒有下滑多少,支撐這股買氣的功臣之一,就是不動產虛擬賞屋的普及。從幾年前開始,房仲業界就開始使用空拍機拍攝影片,想辦法讓賞屋者可以看到房子的全貌、庭院及附近的環境,後因疫情擴散,實地看房變得困難時,房仲業界針對單憑照片無法下定決心購屋的客戶,正式推出虛擬賞屋的服務。

代表性的業者如總公司位於西雅圖的 Zillow,在電

圖 14-1　正在使用 Zillow 虛擬賞屋之旅的情侶

圖片來源:http://zillow.mediaroom.com/screenshots

前言 醫升疫倦贏家的 獲利模式大全

第1章 「超距離」商機

第2章 「超購物」商機

第3章 「超娛樂」商機

第4章 「超零售」商機

第5章 「超資訊」商機

第6章 「超企業」商機

第7章 「超地域」商機

後記 商機高唱縱情懂 適應轉化的人

參考資料

腦或手機上操作，就能遠距鑑賞房屋外觀和內裝（見圖14-1），這項「虛擬賞屋之旅」（3D Home Tour）的業績大幅成長，留下了驚人的紀錄；業者 Redfin 公司虛擬賞屋的需求也激增；研發可製作虛擬賞屋內容的軟體開發商 Rently，同樣需求暴增；提供虛擬賞屋平台服務的 Zenplace 公司，讓客戶可使用搭載鏡頭的機器人進行虛擬看房，這項需求使全美超過三十五個州都史無先例地同步成長。

分析 導入估價工具，讓買氣變熱絡

從前，Zillow 等房仲業者受到客戶歡迎的一大理由，就是有提供自家的估價工具，可根據物件和固定資產稅的資料、過去的買賣交易價格等來估算價格。Zillow 掌握了賣方「想知道現在住的房子大概價格區間」和買方「想要確認賣方的開價是否合理」的需求，讓透過 Zillow 進行的買賣變得熱絡，成交件數急速增加。

再加上 Zillow 遠距賞屋所需的平台、軟體及內容都十分完備，在新冠肺炎疫情發生後，立即成功地將實地看房切換成遠距模式。使用者可透過虛擬賞屋掌握當地的資訊，有助做出購屋的判斷，使市場沒有冷卻太多。

發現新商機！

　　日本房仲業也有「隨時預覽」服務，提供高畫質 360 度全景照片，讓租屋的虛擬賞屋變成可能，且使用者正逐步增加（見圖 14-2）。不只是房仲業，就連家具業也推出 VR 展示會，經營家具與家居雜貨店的 Rignt 提供的虛擬展示間，就是一個好例子。不只可在網站上逛展間，還可結合市售的 VR 眼鏡提供沉浸式體驗，進入更貼近真實世界的空間。若能進化到可即時跟店員溝通等功能，未來也可為特地去看房子的人節省時間，需求量勢必會提升。

圖 14-2　租屋的虛擬賞屋

圖片來源：Crasco 新聞資料

雖然房市受新冠肺炎疫情衝擊影響很大，但居住都會區的需求還是很高，所以房市很快就再度活絡。最早恢復的是東京都中心的物件，想住在都心的人，對於 VR 等新科技的接受度很高。提供有效看屋的新服務，會是不錯的方法。

前言
看升疫後贏家的
地利模式大全

第 1 章
「超距離」商機

第 2 章
「超購物」商機

第 3 章
「超娛樂」商機

第 4 章
「超奢華」商機

第 5 章
「超冷超」商機

第 6 章
「超企業」商機

第 7 章
「超地域」商機

後記
懂得珍惜懂得
適應變化的人

參考資料

15 線上購物，
好友也能跟你一起血拚

疫情前

孤單地上網購物

疫情後

和朋友邊聊天邊體驗
電商服務

先驅案例

美國

前言 賢升疫後贏家的 獲利模式大全

第 1 章 「超距離」商機

第 2 章 「超購物」商機

第 3 章 「超娛樂」商機

第 4 章 「超奢華」商機

第 5 章 「超資訊」商機

第 6 章 「超企業」商機

第 7 章 「超地域」商機

後記 商價循舊能懂得 適應變化的人

參考資料

現象 　多人共享線上購物樂趣

　　不能外出的時候，要怎麼做才能獲得跟朋友一起逛街的樂趣？實現這個心願的是美國 Squadded Shopping Party 公司，讓消費者可以在美國品牌 Asos、Boohoo 和 Missguieded 等的電商網站上，以群組的方式享受購物樂趣。

　　目標鎖定 15 ～ 25 歲的 Z 世代，在歐美以群組方式使用的線上服務不斷增加，例如，可以和好友一同欣賞數位內容的「網飛派對功能」（Netflix Party）和 Instargram 的 Co-Watching 功能等，這樣的服務也逐漸擴及線上購物。

　　這項服務實際上是以谷歌的 add-on 擴充功能的方式，實驗性提供。上線後寄送通知邀請朋友一起聊天，就可一起逛電商平台上的各種商品，彼此交換意見或閒聊，也有共享購物清單的功能，對於喜歡的商品還有投票系統，讓大家來決定是「很適合」還是「不要買比較好」。

分析 　限時互動的聊天功能，受到年輕人歡迎

　　在實體店面挑選衣服時，衣服穿起來到底適不適合？當場聽取朋友真實的意見，對年輕女生來說，是做決定的重要關鍵，但以往的電商平台，缺少了這個要素。因為疫情的關係，在實體店面購物變得困難，對此感到傷腦筋的女性想必不少，因此，邊用聊天功能交換意見邊購物的這

項服務，讓 Z 世代的年輕人趨之若鶩。

發現新商機！

現今，服飾、雜貨和生活用品等各項商品，都能在網路購買，下一步應該思考的是，如何讓購物體驗接近真實。特別對女性來說，購物是一種交流情感的方式，和朋友的閒聊是不可或缺的，突破盲點解決了這項問題的 Squadded Shopping Party 公司，讓電商平台的網路商店成為聚會的場所，實現女性所追求的購物體驗。

日本的年輕世代，在疫情期間消費金額並沒有減少太多，尤其對服飾的興趣和消費，比上一世代來得大。從 Squadded Shopping Party 獲取靈感，推出以往網路商店沒有的「聊天功能」，會是有效的方案。

像這樣兼具方便性與防疫安全，又可提供購物本身的娛樂性，以及和親朋好友相處體驗價值的「混合型購物」，會成為今後的主流。

16 就算不是 VIP，你也能包場購物

疫情前

排隊匆忙地
選購商品

疫情後

專屬的購物空間、
夢幻的購物體驗

先驅案例

英國　荷蘭

現象　細緻的待客服務，讓客單價大幅提升

在荷蘭，當多數的時裝店因新冠肺炎疫情而自主停業時，作為應變方案，推出「私人購物」的店家受到矚目。只要顧客獨自依照網上預約的時間到店裡，在入口處戴上店員給的簡易手套（店員也會戴，當時在荷蘭沒規定戴口罩），就可以包場，獨自在規定的時間內（20 ～ 60 分鐘）享受購物。

廣受年輕女性喜愛的人氣首飾時尚品牌 My Jewellery 及精品品牌 De lingerieBoetiek 就導入了這項服務。De LingerieBoetiek 為了預防感染，還準備了塑膠隔板，隔著隔板測量顧客的尺寸。

在英國西田大型購物中心（Westfield）內的約翰・路易斯百貨公司，曾有僅靠 6 位頂級個人造型師團隊，憑藉私人購物的服務，就交出占整個購物中心業績 20％的亮眼成績。成功的重要原因，是因為這 6 位個人造型師中，有色彩顧問、穿搭顧問等，囊括不同專長。為了保持社交距離，人與人間的距離必須比以前遠，因此也將試穿間拓寬了，**雖然每次能接待的顧客數變少了，但能針對每位顧客給予專屬穿搭建議，提供細緻的待客服務，反而發揮了良好效果，讓客單價大幅提升。**英國有調查顯示，實體店鋪的購物決策，70％都是在試穿間這個獨立空間裡決定的。

前言 晉升疫後贏家的 獲利模式大全

第 1 章 「超距離」商機

第 2 章 「超購物」商機

第 3 章 「超蒐集」商機

第 4 章 「超奢華」商機

第 5 章 「超資訊」商機

第 6 章 「超企業」商機

第 7 章 「超地域」商機

後記 商得是留給懂得適應變化的人

參考資料

（分析） 提升顧客滿意度，重質不重量

因為新冠肺炎疫情，藉由集客來增加顧客數的策略變得窒礙難行，作為替代方案，改對每位顧客提供體貼入微的待客服務，來提高客單價。荷蘭的商店推出包場購物的服務，在避免消費者彼此接觸的同時，也提供了夢幻般的體驗；在英國的案例中，則是派出各領域的專家來接待顧客，以高附加價值的服務來款待。不論是哪一種，目標都是要提升顧客滿意度，藉此提高消費數量與金額。

發現新商機！

私人購物的服務從以前就有，但都是百貨公司或信用卡公司作為 VIP 服務提供給頂級顧客。不過，實體商店因網路商店增加而受到威脅的情況下，私人購物有可能作為購物的新形式，在疫後變成一般服務。

另外，不一定要到包場的程度，但嘗試提升待客技巧及接待內容，會是有效的方法，例如，像英國提供寬廣的試穿間加強個人式服務，會成為附加價值，變成顧客想去實體店的動機。也就是說，如何提升只有實體商店才能提供的體驗價值，對百貨公司和時裝店來說，是重要的關鍵。

17 玩具訂閱制，
過時玩具不再堆積如山

疫情前

用不到的玩具
在家中堆積如山

疫情後

玩具也採月費制，
惜物共享

先驅案例 ......

英國

前言
借升役後贏家的
獲利模式大全

第1章
「超距離」商機

第2章
「超購物」商機

第3章
「超娛樂」商機

第4章
「超情報」商機

第5章
「超資訊」商機

第6章
「超企業」商機

第7章
「超地域」商機

後記
商務道路指得
這麼化的人

參考資料

（現象）**月費制訂閱服務崛起**

英國玩具服務公司 Whirli，提供了可租借玩具的月費制訂閱服務。玩具會隨著孩子的成長而不同，等到不玩的時候，不僅收納讓人傷腦筋，還有丟棄的問題。使用 Whirli 的服務，玩具玩膩的時候，將玩具返還，就可以交換新的玩具，玩到各式各樣的玩具。藉由返還制度，讓家中玩具不再堆積如山，遇到想要擁有的玩具，還可以用優惠價格購買。

（分析）**減少買玩具的支出，並空出存放空間**

英國因為封城限制外出，只能讓孩子在家中玩耍，因此使用玩具訂閱制服務的使用者增加了。只要付訂閱制的月費，即使是昂貴的玩具，也可以輕易地取得。Whirli 因為向受疫情影響而收入減少的家庭，推廣這項服務的價值，而獲得廣大的支持。和家人一起宅在家的時間變多，也讓人想要避免在有限的室內空間裡到處充滿玩具，這也可說是 Whirli 人氣上升的重要原因。

發現新商機！

　　日本童益趣（Toysub!）也有提供同樣的服務，使用者因新冠肺炎疫情大幅增加，已經突破 1 萬人。童益趣有專業人員根據年齡及願望幫忙挑選玩具，隔月寄送，對於該挑什麼玩具感到傷腦筋的父母來說，解決了一項煩惱。遇到喜歡的玩具，可以延長使用時間，也可以優惠價格買下來。

　　只不過童益趣提供的，主要是在室內遊玩用的智育玩具，不包含戶外水上遊戲用的玩具或玩具車等。若提供這些高人氣種類的玩具，來增加月費制的玩具種類，可能也不失為一個好方法。此外，除了玩具，像繪本等也會隨著孩子長大而開始有收納的困擾，像這些幼兒及兒童的用品，也都可以發展成月費制。

第 3 章

「超娛樂」商機：
虛擬空間讓娛樂再進化

不用到劇院、電影院、體育館，就能在家享受各種休閒娛樂，再加上可使用虛擬替身進入虛擬空間或遊戲世界參與活動，讓實體和虛擬的融合更加緊密。另外，運用汽車或船舶打造的電影院等，也變成一種新娛樂。因為新冠肺炎疫情，全球的娛樂方式都在進化。

18 結合 Zoom 功能，演員用「登出」謝幕

疤情前

坐在劇院觀眾席
欣賞舞台表演

疤情後

使用數位功能，透過
螢幕呈現戲劇

先驅案例

德國

前言
普升疫後產業的
獲利模式大全

第1章
「商服業」商機

第2章
「超都市」商機

第3章
「超娛樂」商機

第4章
「超響訊」商機

第5章
「超資訊」商機

第6章
「超企業」商機

第7章
「超地域」商機

後記
該樣面對情勢
適應化的人

參考資料

現象 利用 Zoom 進行戲劇表演

在全球劇院都不得不停止公演的時候，德國開始推出以電腦或手機欣賞戲劇演出的線上戲劇服務。德國萊比錫劇院利用視訊會議軟體 Zoom，上演了法蘭茲・卡夫卡（Franz Kafka）寫的《城堡》（*The Castle*），因為 Zoom 的免費方案只能使用 40 分鐘，所以將戲劇分成 4 次，每次播出 40 分鐘。此外，在柏林的德意志劇院也使用 Zoom，演出了威廉・莎士比亞（William Shakespeare）的《羅密歐與茱麗葉》（*Romeo and Juliet*），五幕的作品分成 13 段播出，在羅密歐與茱麗葉再會的化妝舞會場景中，以口罩取代了面具，這也是由新冠肺炎產生的靈感。

分析 利用線上軟體，帶來耳目一新的感受

不只單純播出舞台劇，重點在於播出時，將大家平常在工作或交流使用的 Zoom 功能發揮到極致。例如，從全部演員的場景進入到只剩羅密歐與茱麗葉的場景時，其他的演員會從 Zoom 登出，留下主角 2 人單獨表演，此外，落幕時也會用會議結束的方式來呈現。這些線上才有的演出方式讓人耳目一新，口耳相傳下，成功吸引不少觀眾收看。

發現新商機！

　　日本也有人嘗試在線上演出戲劇，但要像德國的案例一樣，活用系統的功能來提升演出效果，才有可能拓展成為未來的新娛樂方式。也可考慮結合一般的舞台公演，例如，第一幕在實體舞台，第二幕在線上，第三幕再回到舞台欣賞等，配合故事的展開，切換線上線下的演出方式。線上演出不只是替代方案，積極與戲劇結合在一起，不論是編劇或表演者，都會受到觀眾的關注。

　　不過，重要的是要使用哪種線上工具。日本遠距工作的比率只有 2 ～ 3 成，就連最常使用的 Zoom 普及率也還有很大的努力空間，但習慣用 Zoom 的人還是比較多，在這樣的情況下，若是貿然使用別的軟體，恐怕會造成觀眾混亂，所以必須好好利用 Zoom，且須下工夫將 Zoom 的功能與表演完美結合在一起。

19 不用團隊拍攝，「獨白型」影集正夯

疫情前

以感染風險高的
團隊方式拍攝

疫情後

獨角戲在線上
大受歡迎

先驅案例 ....

英國

(現象) 「獨白型」影集引爆潮流

　　1988 年，英國廣播公司第一台（BBC One）播出由劇作家艾倫‧班耐特（Alan Bennett）創作的劇本《喋喋人生》（*Talking Heads*），是一部囊括無數大獎的名作，由實力派演員的獨角戲（獨白）所勾勒而成的殺人事件影集。新冠肺炎疫情期間，邀請到知名演員克莉絲汀‧史考特‧湯瑪斯（Kristin Scott Thomas）和馬丁‧費里曼（Martin Freeman），在導演尼古拉斯‧海特納（Nicholas Hytner）執導下，增加 2 集新故事重拍成共 12 集的影集《新喋喋人生》（*Alan Bennett's Talking Heads*），在英國於 2020 年 6 月播出，話題席捲全國。

(分析) 符合防疫規範下進行拍攝

　　獨角戲的表演方式，符合防疫規範，也就是拍攝現場須保持社交距離。相較於其他拍攝現場面臨停工的狀況，獨角戲由於可以單獨拍攝演員的獨白，所以製作得很順利。在影音內容不足的情況下，使用這種手法完成的影集一播出，舊片影迷加上新的觀眾，再度引爆潮流。

前言
晉升疫後贏家的
獲利模式大全

第1章
「超距離」商機

第2章
「超購物」商機

第3章
「超娛樂」商機

第4章
「超奢華」商機

第5章
「超資訊」商機

第6章
「超企業」商機

第7章
「超地域」商機

後記
商機是留給懂得
適應變化的人

參考資料

發現新商機！

　　我們重新認知到，一旦發生像新冠肺炎疫情般的大流行，電影及影集的拍攝就會停工，造成延後上映。在這樣的情況下，「獨白」的攝影手法，從防疫的觀點來看是具有優勢的，且有助防疫。在日本也有搞笑藝人組合 Woman Rush Hour 的成員村本大輔，用 Zoom 播放了自言自語搞笑的「脫口秀」，造成話題。

　　不僅是電視影集或喜劇脫口秀，將演員彼此維持一定的社交距離配置在舞台，以獨白的方式呈現故事劇情的舞台劇，也是一種具有安全性的表演手法，其他像是全劇只有一個演員的單人表演等，效果也不錯。因這次疫情而重新受到關注的「獨角戲」，有可能會成為今後熱門的表演方式。

20 名 DJ 線上演出，在家就能開趴

疫情前

每晚和朋友上夜店

疫情後

與名 DJ 線上開趴

先驅案例

德國

前言 響升夜後贏家的 獲利模式大全

第 1 章 「超距離」商機

第 2 章 「超購物」商機

第 3 章 「超娛樂」商機

第 4 章 「超奢華」商機

第 5 章 「超資訊」商機

第 6 章 「超企業」商機

第 7 章 「超地域」商機

後記 商機是留給懂得適應變化的人

參考資料

（現象）**享受免費直播，感受夜店氛圍**

近幾年，全歐洲最具影響力的音樂產業重鎮之一、夜店文化盛行的德國柏林，在夜店被禁止營業的情況下，非營利組織 United We Stream 藉由人氣夜店的協助，執行了同名企畫，於 2020 年 3 月 18 日到 22 日為期 5 天，每晚 7 點到凌晨 12 點，邀請不同的名 DJ 登台演出，在線上免費播出，引爆了話題。

觀眾可以在欣賞直播的同時，對企畫進行贊助。在看不到新冠肺炎疫情的終點下，4 月之後也持續以不定期的方式舉辦線上直播，讓 DJ 把 Live-set[*]樂器設備搬到柏林自然歷史博物館的展示間，進行演奏直播等，嶄新的企畫一個接一個。

2020 年 6 月後，United We Stream Asia 企畫也跟著上線。日本知名夜店 VENT 代表日本成為執行單位，知名 DJ AKIRAM EN、DJ DYE、三人女子樂團 Black Boboi、音樂藝術家 ALTZ、SUNGA 等都參與表演，帶來極致的演奏。

---

[*] 現場演出歌曲，直接在原歌曲中加入新元素，或以樂器、合成器等重新演釋歌曲。

分析 紓解宅在家的心理壓力

不用出門就能享受高水準的夜店電音，因此以年輕人為主，吸引了很多人上線，邊看邊舞動身體，消除宅在家引發的鬱悶心情。實際上前述活動共有 4,000 萬人連線，募得了 57 萬歐元（約新台幣 1,800 萬元）贊助柏林的 67 間夜店。此外，活動也擴大到全球，共有 2,000 人以上的音樂表演者參與，全球累計共募得 150 萬歐元的贊助金（約新台幣 4,700 萬元）。

發現新商機！

日本因為各地方政府要求將營業時間縮短至晚上 8:00，所以年輕人會在實體夜店狂歡到 8:00，然後回家看直播感受虛擬夜店的快感。未來，只要在家準備好大型螢幕及音響設備，放上名 DJ 的直播演奏，房間或客廳就能變身成夜店。幾間夜店一同合作提供平台的話，就好像明明在家，但一個晚上卻能續攤好幾間夜店。

即便到了後疫情時代，透過這項服務也能邀請朋友到家裡開趴，邊飲酒邊享受「自家夜店」，或各自在家連線，一邊遠距收看同家夜店的 DJ 表演，一邊使用耳機對話等，在家重現夜店的體驗。可以考慮針對每次連線收取單次的費用，或是以月費訂閱制的方式計費，今後，除了實體店面，若連線上夜店的服務也能完備，不只是當地，還可吸引到全世界的顧客上門，提升收益。

21 活動不暫緩，
體驗商品直送到家

疫情前

報名者聚在會場
參加體驗活動

疫情後

將商品寄到家中，
遠距試喝、試吃

先驅案例

丹麥

現象 將各式活動改為線上舉辦

在丹麥因實體活動相繼停辦，面臨存亡的活動企畫公司轉而開始提供線上活動的支援服務。活動企畫人員只須在專用網站上申請，設定好報名費、參加者年齡、舉辦時間等項目；而參加者則是在同個網站，挑選喜歡的活動後，於當日線上參加（也有免費的活動）即可，連需要使用商品的試飲會和試吃會、工作坊、遊戲等活動也都可以舉辦。此時，關於商品的寄送、公關宣傳，以及接近真實的直播方法等，會由活動公司提供協助，在活動開始前就將商品提前寄送給參加者。實際上，已有葡萄酒和啤酒的試飲活動、學做麵包的工作坊、咖啡師講座、餐會、繪畫教室、演講等，舉辦了各式各樣的活動。

分析 線上活動平台滿足供需雙方需求

餐飲店及廠商都想舉辦線上活動，可是不知道訣竅；民眾也想參加活動，但不知該如何尋找、報名。市場缺乏創設平台連接需求和供給雙方。

活動舉辦方只要做好企畫，後續的商品寄送及宣傳、直播方式等專業領域，全都可以獲得支援，因此能輕鬆地規畫活動；而消費者也只需要在網站內進行搜尋，就能點閱喜歡的活動詳情。像這樣給予全方位支援的套裝服務，

掌握了供需雙方的需求，而受到市場熱烈歡迎。

發現新商機！

　　在日本，線上葡萄酒試飲會的案例日漸增多，習慣這樣做法的消費者，預料在疫情結束後也會繼續使用這項服務。不過，雖然日本演講、講座的線上化變普及，但舉辦活動還僅限於一小部分。活動若能線上化，以前因在海外等地而無法親臨現場的人，也能變成顧客。

　　重點在於雖然是線上，但能否提供接近實體活動的體驗？從這點來看，就像丹麥的例子，從商品寄送到公關宣傳、線上直播的顧問工作，全部承包的平台服務極具發展潛力。

　　此外，如何能在家裡創造出特別感及實境感？會是影響今後普及程度的關鍵。在美國，外燴餐飲服務公司開始提供名為「包裹」（Parcel）的餐飲外送服務，在將餐點及雞尾酒配送到府的時候，除了必備的餐具，還提供可客製化的桌布、雞尾酒調酒器（可調製原創雞尾酒的容器）等，精選的廚房用品也包含在套裝中，即便在家也能享受頂級的體驗，能否提供這樣的服務會是成功關鍵。

前言 搶升疫後贏家的 獲利模式大全

第1章 「超距離」商機

第2章 「超購物」商機

第3章 「超娛樂」商機

第4章 「超奢華」商機

第5章 「超資訊」商機

第6章 「超企業」商機

第7章 「超地域」商機

後記 商機是留給懂得 適應變化的人

參考資料

22 不限起跑點，
線上馬拉松名額爆滿

疊情前

在比賽會場同時出發

疫情後

各自遠距完賽，
在虛擬場上一較高下

先驅案例 ┈┈┈┈

丹麥

前言 營升疫後贏家的 獵利模式大全

第1章 「超距離」商機

第2章 「超簡單」商機

第3章 「超娛樂」商機

第4章 「超奢華」商機

第5章 「超資訊」商機

第6章 「超企業」商機

第7章 「超地域」商機

後記 商機會持續 適應變化的人

參考資料

現象　虛擬賽事也名額爆滿

在丹麥，馬拉松賽事被迫停賽的期間，運動用品店等共同合作成為贊助商，協助舉辦虛擬馬拉松賽事。比賽期間為週末兩天，報名費大人約 2,500 日元（約新台幣 625 元）、孩童約 1,500 日元（約新台幣 375 元），完成報名後，自行將收到的號碼牌列印出來配戴參賽。大人有 5 公里、10 公里、半馬和全馬四種距離選擇，孩童則可報名 2 公里賽程。路線可自由決定，要跑步或走路都可以，完賽後，再各自將秒數成績以截圖的方式繳交。

報名費中約 150 日元（約新台幣 38 元），是捐給疫情受災戶的團體，至於要捐給哪個團體，則是在臉書社團募集意見後，以投票來決定，讓原是獨自參賽的馬拉松，產生了一體感，還能獲得為社會貢獻的滿足感，此外，參加者還會收到紀念參加的獎牌。在寒假期間，也舉辦了只有孩童能參加的兒童虛擬馬拉松，作為寒假活動。

分析　自由度高是受歡迎的原因之一

對於業餘跑者來說，參加馬拉松賽事是每天練習的動力來源，當賽事一場接一場取消，就會失去努力的目標。此時，虛擬馬拉松大賽開辦，且能自己決定路線，高自由度博得了不少人氣，讓預定 2,500 人的名額，在開賽前一

個月就額滿。不單是跑步比秒速而已，藉由捐款為社會貢獻的制度，也滿足了想在疫情中有所貢獻的心願，助長了報名的意願。

發現新商機！

　　日本各地也有舉辦虛擬馬拉松大會，由參加者同時起跑，跑完預定的距離後，跟大會報告秒速來決定名次。也有舉辦自由度較高的大賽，不限比賽當天完賽，只要在幾週內或規定時間內完賽即可，例如，由跑者使用跑步 App「ASICS Runkeeper」自由設定路線、記錄路徑軌跡的「ROAD TO TPKYO MARATHON 2021」，就是具代表性的一項賽事，參加者還可以抽 2021 東京馬拉松參賽資格。

　　虛擬馬拉松具有不用到場就能參賽的便利性，在新冠肺炎疫情結束後，也還是會有一定的需求，而且只要是用虛擬方式舉辦，視規畫的內容還可以吸引全球的跑者參加。

　　未來可以讓參賽者彼此透過 App 溝通，將跑步的路線標示在地圖上，或將虛擬空間中的路線顯示在畫面，根據實際移動的距離，讓虛擬路線的軌跡跟著移動等，開發更多具有虛擬賽事才有的數位功能，就會更有人氣。

　　在限制社交距離與無法出國旅行的疫情期間，跑步和健走在家附近就能完成，成為許多人疫情期間的休閒選項，再加上捐款及參加虛擬活動等，可以讓參與者「與社會及他人連結，產生一體感」，這會成為吸引人氣的關鍵。

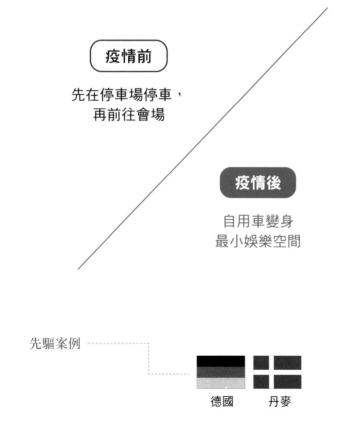

23 汽車電影院，停車場就是大型電影院

疫情前

先在停車場停車，
再前往會場

疫情後

自用車變身
最小娛樂空間

先驅案例

德國　　　丹麥

現象 汽車電影院人氣直升

疫情期間,讓民眾將自用車停在戶外,坐在車裡欣賞投影在大螢幕上的電影,這種型態的汽車電影院,人氣直線飆升。在這樣的背景下,德國搖滾團體 Brings 便在科隆利用汽車電影院的場地,舉辦了為科隆大學醫院募款的慈善演唱會;德國杜塞道夫,也運用汽車電影院的場地,舉辦嘻哈饒舌的現場表演,並將現場透過電視實況轉播;復活節時,也用汽車電影院的模式舉辦了禮拜。

另外,丹麥也在可容納約 500 輛車的會場,舉辦了丹麥首場大規模的汽車演唱會,會場裡除了有音樂演奏,還有搞笑短劇及膠片放映等節目。

分析 免下車既能參與表演也能有效防疫

疫情期間,即便不能和親朋好友見面,人們還是會追求與社會的連結和一體感,同時也希望生活能有刺激。從防疫的觀點來看,坐車移動且不用下車就可體驗活動,是最合理的方式之一,**利用汽車電影院的場地,讓人們在擁有一體感的同時,也能從現場表演獲得刺激與感動**,這次的嘗試,可說是滿足各方面的劃時代方案。歐美各國都將原本只是普通的汽車電影院,應用到其他娛樂領域,滋潤人們的心靈。

前言
躍升疫後贏家的
獲利模式大全

第1章
「超距離」商機

第2章
「超陳物」商機

第3章
「超娛樂」商機

第4章
「超奢華」商機

第5章
「超資訊」商機

第6章
「超企業」商機

第7章
「超地域」商機

後記
商機是留給懂得
適應變化的人

參考資料

發現新商機！

　　通常舉辦大規模活動時，除了活動會場，還需要在附近另行規畫停車空間，如果能直接就在停車場辦活動，就不需要會場了，既能達到省空間及省成本的效果，還可以催生坐在車內享受音樂祭或其他活動的新娛樂形式。如果是一般音樂祭，藝術家的表演就只能局限在舞台上，但在丹麥的汽車電影院會場，表演者能在汽車間移動，讓車內觀眾沉浸在表演中。過去，應用範圍都只停留在電影的露天汽車（Drive-in）型娛樂，預期未來會應用在各式娛樂內容上。

　　這項新娛樂型態可以維持社交距離，並作為最小娛樂設施。規畫像這樣的汽車體驗是很重要的，且須舉辦許多嶄新的活動。

數位演唱會，
雙向互動加深渲染力

疫情前

在實體會場
感受狂熱

疫情後

使用 Zoom 雙向直播
產生一體感

先驅案例

泰國

前言
售升疫後贏家的
攤利模式大全

第1章
「超距離」商機

第2章
「超購物」商機

第3章
「超娛樂」商機

第4章
「超審美」商機

第5章
「超資訊」商機

第6章
「超企業」商機

第7章
「超地域」商機

後記
商機是留給懂得
適應變化的人

參考資料

（現象）**在平台舉辦雙向交流的線上演唱會**

2020 年 6 月，泰國舉辦了表演者和觀眾可以雙向交流的首場「線上音樂慶典」（Online Music Festival Top Hits Thailand），連人氣樂團 Safeplanet 也登場演出。看點在於採用 Zoom 作為視聽平台，粉絲和表演者在網上相連，甚至可以即時聊天。此外，在攝影棚內四周的牆上設置了大型螢幕，投影出線上超過 5,000 名的觀眾臉孔，並非只是單純播出線上演唱會。使用 Zoom，能變出許多五花八門的功能。

（分析）**雙向交流更具感染力**

將觀眾的 Zoom 影像投影到大螢幕上，還可和表演者聊天，互動式表演體驗是這個活動的特色。雖然坐在家中，但可以和其他觀眾一同感受狂熱，表演者也能感覺到無數觀眾的存在，以高昂的情緒演奏，傳達充滿熱情的歌聲，成為嗨翻現場的原動力。

這是線上才能辦到的，也是表演者和粉絲近距離接觸的好例子。在日本，藉由贊助喜歡的表演者及球隊的活動也很常見，在新冠肺炎疫情和視訊普及下，表演者或選手在表演時，與粉絲的距離一下子拉近了。

發現新商機！

　　在日本，也有像南方之星等藝人嘗試舉辦線上演唱會。唱片公司 LD&K 等為了開始支援展演空間（Live House），也與 LINE 攜手合作，推出將各展演空間的現場表演變成月費訂閱制的看到飽服務（Subsclive）等（見圖 24-1）。現場表演線上化，在各方面都有進展，未來，實體演唱會做不到的聊天互動，以及像泰國音樂慶典把每位觀眾的臉投影在畫面上，營造出一體感等，這些提供雙向互動的方式會變得越來越重要。由此看來，Zoom 在娛樂方面的應用，會是擴展的切入口。

圖 24-1　將現場表演變成訂閱制的服務

圖片來源：LINE 新聞資料

　　年輕粉絲為了要有臨場感及真實感，想方設法接近偶像、使用 App 製作偶像的等身大立牌等，相較之下，主辦方看起來就比較缺乏拉近粉絲與藝人距離的創意。Zoom 的使用，可以成為開始的第一步。

即便未來實體演唱會全面復活，增設線上收看的方式，採雙軌制舉辦的話，粉絲可避免買不到票的窘境，對於主辦方來說也有助增加獲利。此外，舉辦線上演唱會，海外的粉絲也可以輕鬆連線，對於人氣僅限於國內的偶像團體來說，是將市場拓展至海外的好機會。

前言
晉升疫後贏家的
獲利模式大全

第1章
「超距離」商機

第2章
「超購物」商機

第3章
「超娛樂」商機

第4章
「超奢華」商機

第5章
「超資訊」商機

第6章
「超企業」商機

第7章
「超地域」商機

後記
商機是留給懂得
適應變化的人

參考資料

25 水上電影院，
觀眾席改在水上船舶

疫情前

在電影院坐在
椅子上欣賞

疫情後

會場在「河川」上，
觀眾席是「船舶」

先驅案例 ⋯⋯⋯⋯

法國

前言 搶升疫衛贏家的 獲利模式大全

第1章 「超距離」商機

第2章 「超購物」商機

第3章 「超娛樂」商機

第4章 「超奢華」商機

第5章 「超資訊」商機

第6章 「超企業」商機

第7章 「超地域」商機

後記 商機是留給懂得 因應變化的人

參考資料

（現象） **嘗試露天漂浮電影院**

在流經法國巴黎的塞納河，2020 年 7 月，舉辦了戶外「水上電影院」（Cinéma sur l'Eau）的活動，邀請了 150 位當地人士參加。這項活動的特色，在於觀眾席是設在船舶上，有 38 艘小船供親朋好友分成 2 人、4 人、6 人的小團體共乘，可以愜意地欣賞電影。

活動是由經營兩家電影院的 MK2 電影公司共同主辦，當天播放 MK2 策展人選的吉爾斯・萊勞奇（Gilles Lellouche）作品《囧叔大翻身》（Sink or Swim），是講述一群中年發福的大叔要共同挑戰水上芭蕾的喜劇作品。

（分析） **時尚體驗獲得新奇感動**

巴黎每年都會在塞納河及維萊特河畔，舉辦都市型海灘活動「巴黎海灘」（Paris Plages），在受新冠肺炎疫情影響，不能如常舉辦的狀況下，為了吸引大眾，推出前所未有的新版本，讓大家坐在小船上欣賞大螢幕上的電影。當夜幕低垂時，坐在搖曳的小船上，享受水上看電影的初體驗，為喜歡時尚新穎事物的巴黎人，帶來了新奇的感動。

發現新商機！

　　日本也有在公園池塘划船、在屋形船上辦宴席、賞煙火等享受水上娛樂的習慣,可以讓以前就有的娛樂方式進一步發展,例如,跟巴黎一樣,提供在水池上設置大型螢幕看電影的活動,或設置舞台舉辦現場表演及搞笑節目,也都是不錯的方法。在室外的開放空間,可以和他人保持社交距離,且在水上這個特別空間提供娛樂服務,也具有新穎的附加價值。

　　不只水上空間,如何利用公園也是課題之一。在東京,因為疫情導致動物園等相繼休園,大型公園也因為年輕人假借「星光野餐」之名,拿著罐裝酒群聚開趴,而成為批判的對象。其實只要做好防疫措施,大型公園及東京連綿不絕的河川,應該是最適合紓解疫情壓力的地方。

　　此外,就像遊船與電影的結合,將戶外活動和娛樂結合在一起的創意,可以應用到各領域。將露營等戶外活動與音樂、電影及戲劇等內容跨界混搭,就能創造新的娛樂方式。

26 零時差，
邊看電影邊群聊

疫情前

獨自看片，
看完交換感想

疫情後

情侶或朋友各自
在家同步看片

先驅案例

美國　　英國　　加拿大

現象 邊看電影邊群聊

由知名女演員莎莉・賽隆（Charlize Theron）主演、在全球創下播出四週達 7,200 萬訂戶收看紀錄的網飛原創電影《不死軍團》（*The Old Guard*），在英國也博得高人氣。熱門影片不斷上線，在封城中的英國，可讓異地情侶和朋友邊看網飛邊群聊的「Netflix Party」服務便開始流行。「Netflix Party」在 2020 年 10 月更名為「TeleParty」，不限網飛的影片，連 Disney⁺、葫蘆（Hulu）、HBO 的影片都可以使用，跨越平台的框架，成為一款通用的服務。

另外，還有加拿大的「Rave」App，具備比 Teleparty 更全面的功能。可以邊打字或用語音聊天，以電腦或手機和朋友一起追劇、聽音樂，除了網飛，還能共享 YouTube、影音網站 Vimeo、討論平台 Reddit、Google Drive 等各種來源的內容，是這項服務的特色。另外，可以開啟僅限好友參加的聊天室，邀請好友參加，也可以搜尋公開聊天室，甚至還有使用 AI 將兩首以上歌曲合成的功能。

分析 重現和好友討論感想的快樂

因為新冠肺炎疫情不能去電影院，也不能去朋友家

前言　疫後贏家的獲利模式大全

第 1 章　「超距離」商機

第 2 章　「超購物」商機

第 3 章　「超娛樂」商機

第 4 章　「超專業」商機

第 5 章　「超資訊」商機

第 6 章　「超企業」商機

第 7 章　「超地域」商機

後記　適應變化的人，商機唾手可得

參考資料

聚會，失去了和朋友一同看影片的機會。人們開始使用 Teleparty 及 Rave 的服務作為替代方案，藉由同步看影片獲得一體感，也可以當下或觀片後享受聊天討論的樂趣。

發現新商機！

　　在家看電影，不論是無線電視還是 DVD 或藍光光碟，基本上都是以個人或家庭為單位觀看。這是從租借錄影帶的時代開始就不曾改變的法則，但因為 Teleparty、Rave 的服務，這樣理所當然的模式開始產生改變。居家電影升級成與異地親友共享的娛樂。未來，就像相約去電影院看電影一樣，可以事先約好時間，一起看同一部作品，還可以在社群網站上募集愛好者，舉辦虛擬電影放映會，結束後再來個邊小酌邊討論感想的活動。

　　Teleparty 在日本也有很多年輕人愛用，一起邊看電影邊討論變得不再稀奇。但許多媒體都忽略了年輕人熱愛分享的需求，所以業績不斷下滑，因此媒體業是時候思考「一鍵分享」的新策略了。

27 現實中的消費活動，同步搬入遊戲中

疫情前

電視遊樂器只是
單純的娛樂

疫情後

虛擬空間的消費和
生活真實化

先驅案例

美國

前言
醫升疫後贏家的
獲利模式大全

第
1
章
「超距離」商機

第
2
章
「超購物」商機

第
3
章
「超娛樂」商機

第
4
章
「超學習」商機

第
5
章
「超資訊」市場

第
6
章
「超企業」商機

第
7
章
「超純城」商機

後記
商機是貿給懂得
洞悉變化的人

參考資料

現象 限制外出讓社群遊戲及 VR 加速發展

　　新冠肺炎大流行造成人們被限制外出，微軟（Microsoft）、任天堂（Nintendo）、推趣（Twitch）和動視（Activision）等遊戲產業的全球業績都成長了。特別是微軟推出號稱「遊戲界網飛」、有 100 款以上遊戲可供下載的訂閱制服務「Xbox Game Pass」非常火紅，可以和朋友玩同款遊戲的「Xbox Live Gold」也大幅成長，創下輝煌的紀錄。

　　在英國很流行的遊戲社群網站 Noobly，可以讓人找到一起玩、一起交流的遊戲玩家。點閱使用者的個人檔案，看對方擅長玩的遊戲種類，再寄邀請信一同上線玩，遊戲中還能開語音聊天，透過遊戲結識朋友。

　　此外，利用遊戲裡的虛擬空間建立新商業模式，也受到市場關注。美國時尚品牌 Marc Jacobs 就在全球廣受喜愛的遊戲《集合啦！動物森友會》（以下簡稱《動森》）中，授權過去發表過的時裝設計，提供玩家下載，讓遊戲角色換穿；紐約的大都會藝術博物館，也將館藏作品變成遊戲內的居家擺飾，提供下載；英國家居品牌 Olivia's 也以付費方式，提供專人協助的虛擬室內設計諮詢。為了受到新冠肺炎疫情影響而無法舉辦婚禮的人，《動森》也推出專門辦結婚典禮的島，能看到來自全球的玩家造訪、舉辦婚禮（見圖 27-1）。

圖 **27-1** 玩家能在《動森》中舉辦婚禮，彌補現實生活的限制

圖片來源：YUMI KATSURA INTERNATIONAL 新聞資料

在熱門遊戲《要塞英雄》裡，饒舌歌手崔維斯・史考特（Travis Scott）在 2020 年 4 月，於遊戲世界中舉辦了虛擬演唱會，創下同時間 1,230 萬人連線的驚人紀錄；同年 8 月，日本創作型歌手米津玄師也在《要塞英雄》內舉辦了虛擬演唱會。在遊戲虛擬空間建立與現實世界相同的商業模式，這樣的案例接連出現。

分析 線上交流就跟現實生活一樣

現今與朋友和隊友同時上線玩遊戲被視為理所當然，在遊戲裡靠打字或語音即時溝通也成為可能，透過操作虛擬替身，可以進行跟現實生活一樣的交流。在新冠肺炎疫

前言
醫升疫後贏家的
獲利模式大全

第1章
「超距離」商機

第2章
「超購物」商機

第3章
「超娛樂」商機

第4章
「超奢華」商機

第5章
「超資訊」商機

第6章
「超企業」商機

第7章
「超地域」商機

後記
商機是留給懂得
適應變化的人

參考資料

情期間，遊戲成為和朋友聯繫的珍貴場域，將遊戲當作現實生活替代品的現象，正快速增加。此外，虛擬的現場表演，可以提供遊戲世界才有的沉浸感體驗，使用者可以在空間內自由走動，在虛擬的表演會場和其他使用者一起欣賞表演，這些都是遊戲受到歡迎的原因。

發現新商機！

今後，線上遊戲的虛擬空間，會成為現實生活之外的另一個「社交場合」，也會成為新的消費及活動舞台。實際上，香港玩家就在《動森》內進行了向中國政府抗議的活動，美國也有對《動森》裡的社團進行政治宣傳的例子。如同現實生活，企業在遊戲內進行交易、廣告活動，已可成為獲利來源，一個充滿魅力的市場正在形成。今後，遊戲裡的虛擬空間，將會成為消費的主戰場之一。

重要的是，在遊戲中讓玩家課金消費及收看廣告等，以遊戲為核心讓各種商業活動活化，得到跨界的效果。

28 虛擬同人誌盛會，人氣更勝實體會場

疫情前

要付昂貴的交通費，
還要在場外大排長龍

疫情後

在線上享受
虛擬同人誌盛會

先驅案例

●

日本

前言
疫後贏家的
獲利模式大全

第 1 章
「超距離」商機

第 2 章
「超購物」商機

第 3 章
「超娛樂」商機

第 4 章
「超奢華」商機

第 5 章
「超資訊」商機

第 6 章
「超企業」商機

第 7 章
「超地域」商機

後記
商機都懂得
適應變化的人

參考資料

（現象）**VR 空間的活動及展示引人氣**

2020 年 4 月 29 日到 5 月 10 日舉辦了 VR 世界最大規模的展覽活動「Virtual Market 4」，共有超過七十一萬人參加。活動分成「企業參展會場」與「一般設計師參展會場」，參展企業共有 43 間，一般設計師攤位多達 1,400 個。日本 7-11 及伊勢丹等大企業，也積極參展。參觀的民眾可以自由試用及鑑賞會場展示的 3D 虛擬替身及 3D 模型等，看到喜歡的虛擬替身也可以現場購買，就連虛擬替身的服裝及配件也都可以選購，例如，伊勢丹就將虛擬替身穿著的「玻璃鞋」、「紅鞋」等，以 1,000 ～ 2,000 日元（約新台幣 250 ～ 500 元）價格販售。

另一方面，同年 4 月 10 日到 12 日舉辦的虛擬同人誌販售會「ComicVket 0」，約有 2 萬 5,000 人入場。為了讓沒有接觸過 VR 的民眾也能輕鬆參與，活動不使用 VR 裝置，而設置了使用電腦及手機也能參與的環境；同年 8 月 13 日到 16 日又舉辦了「ComicVket 1」販售會；2021 年 4 月 29 日到 5 月 5 日，在 VR 空間中舉辦了獨立遊戲相關的展會「GameVket Zero」。

（分析）**不論人在哪裡都可連線**

在娛樂產業的商談會及展會相繼停辦之際，最早開

圖 28-1　2021 夏季舉辦的「Virtual Market 6」

圖片來源：HIKKY 新聞資料

始因應的是引領日本同人誌販售會「Comic Market」的團隊。「Virtual Market」是最佳代表（見圖 28-1），不需交通費，也不需花時間在場館外等待，成功展現了不論身在何處，都可輕鬆地參加虛擬活動的可能性。

前言 猎升疫後贏家的 猎利模式大全

第 1 章 「超距離」商機

第 2 章 「超購物」商機

第 3 章 「超娛樂」商機

第 4 章 「超音聲」商機

第 5 章 「超資訊」商機

第 6 章 「超企業」商機

第 7 章 「超地域」商機

後記 商機是留給懂得 適應變化的人

參考資料

發現新商機！

日本的娛樂產業發展局限在國內，不擅長將視野擴大到全球。實際上，韓國將韓劇版權賣給中國及東南亞的電視台、網飛等，早已遍及全世界；相較之下，雖然網飛上日本的動畫增加了，但基本上還是以國內市場為發展中心，沒有徹底發揮自己的長處。不論有沒有發生新冠肺炎疫情，都要有進軍全球市場的企圖心。

像線上同人誌販售會般的虛擬活動，從技術、知識及實績來說，日本算得上是占據領先地位，大企業若能持續積極參與，將來成為龍頭的可能性很高，而一般企業也要邊參展邊累積見識，積極趕上。

另外，如果要將這些技術及服務，運用到其他商業發展上，最有機會的是線上商業展示會、商談會等。以往展示會與商談會，在世界各國都是面對面地進行，因新冠肺炎疫情使活動受限的關係，各主辦單位開始全面整備線上體制。若能不單只是向顧客介紹商品服務和進行商談，還能學習虛擬同人誌販售會的長處，規畫具有娛樂元素的商業展示會，將能更吸引顧客，做到差異化。

29 虛擬替身觀賽，
臨場感不輸現實

疫情前

在棒球場和運動場
欣賞運動賽事

疫情後

隔著螢幕用
虛擬替身觀賽

先驅案例

丹麥

126

前言
獲利模式大全
借升疫後贏家的

第1章
「超距離」商機

第2章
「超購物」商機

第3章
「超娛樂」商機

第4章
「超奢華」商機

第5章
「超資訊」商機

第6章
「超企業」商機

第7章
「超地域」商機

後記
商機會留給懂得
適應變化的人

參考資料

（現象） **在超大螢幕投影萬名觀賽者**

　　本因新冠肺炎疫情中止的各國運動賽事，因採無觀眾的方式而得以復賽，丹麥的足球隊「奧胡斯 GF」，在球場周圍設置巨大的螢幕，並設定 Zoom 會議，讓 1 萬名球迷可以線上參加，隔著螢幕為球隊加油。球隊還設置了 Zoom 專屬的管理員，當發現球迷有不當的言語和行為時，就會將球迷強制登出。作為遠距觀賽的新形式，受到矚目。

（分析） **透過加油影像，球迷與選手產生一體感**

　　當比賽現場沒有觀眾時，選手很難感覺到球迷的存在，球迷也無法和選手產生一體感。使用 Zoom 的話，選手可以看到球迷加油的樣子，球迷也可以感受到自己加油的影像成為支持選手的力量。**雙向性、一體感，拓展了虛擬觀賽的可能性。**

發現新商機！

　　日本棒球界的橫濱 DeNA 灣星隊，在線上設置了「虛擬橫濱球場」，讓球迷可以用虛擬替身進入虛擬球場，並從場

上的大型螢幕欣賞棒球比賽,吸引了大約 3 萬人觀賽(見圖 29-1)。

我們可由此發想各種策略,例如當運動比賽以無觀眾的方式舉辦時,可實驗性地導入像丹麥足球隊般的措施,打造成包含硬體及軟體的套裝服務,讓各種運動比賽都能提供無觀眾服務,拓展新商業模式。

圖 29-1　日本橫濱 DeNA 灣星隊,設置「虛擬橫濱球場」,讓球迷能遠距觀賽

圖片來源:KDDI 新聞公布資料

前言
晉升疫後贏家的
獲利模式大全

第1章
「超距離」商機

第2章
「超購物」商機

第3章
「超娛樂」商機

第4章
「超奢華」商機

第5章
「超資訊」商機

第6章
「超企業」商機

第7章
「超地域」商機

後記
商機是留給
適應變化的人

參考資料

　　後疫情時代，75歲以上長者及長照人口將會增加，想要去現場加油卻無法去的人口也會增加，因此「不用離開家就能身歷其境、虛擬觀賽」的功能，會更受到重用。

　　對於舉辦大規模的無觀眾比賽或須確保社交距離的運動活動，更要認真看待。虛擬參加並未限定於體育賽事，還可以運用到 IR* 博奕與 MICE† 會展旅遊等，抱持宏觀視野。

---

* Integrated Resort 綜合度假村。

† 指四個領域的服務產業：會議 (Meeting)、獎勵旅遊（Incentives）、會展（Convention）、展覽（Exhibition）。

30 太空旅行不再遙不可及

疫情前

海外旅行是全家
最棒的娛樂

疫情後

一生一次的太空旅行

先驅案例 ┄┄┄┄┄

美國

前言 晉升後贏家的 獲利模式大全

第1章 「超距離」商機

第2章 「超購物」商機

第3章 「超娛樂」商機

第4章 「超豪華」商機

第5章 「超資訊」商機

第6章 「超企業」商機

第7章 「超地域」商機

後記 商機是留給懂得 適應變化的人

參考資料

（現象） **新時代旅行計畫，宇宙飛行 6 小時**

在美國，新時代的旅行方案已經啟動。新創公司「Space Perspective」推出了搭乘太空氣球，飛往離地約 30.5 公里以上的太空旅行計畫。太空氣球預計在 2024 年升空，乘客會在日出前從 NASA 的甘迺迪太空中心出發，旅行時間為 6 小時，幾乎是零碳排，可欣賞多采多姿的地球景色。費用是每個人 12 萬 5,000 美元。

（分析） **夢幻體驗，逐步實現**

由於新冠肺炎疫情擴大，遠距移動都必須要遵守限制，更別提海外旅行了。想要旅行的欲望高漲，夢幻的太空旅行，擄獲了許多人的心。在網站上就能預約，能真實感受到太空旅行不是在做夢。

發現新商機！

伊隆・馬斯克（Elon Musk）領導的 SpaceX 公司，在 2021 年 9 月成功執行了首趟全平民（指非專業太空人）的太空船升空任務，與太空旅行相關的新聞，逐漸成為轟動社會的話題。該公司也因和日本時裝購物網站 ZOZO 的創辦人前澤友作，簽署繞月球一圈的太空旅行合約而聲名大噪。

　　若能藉由太空氣球實現安全的太空之旅，加上費用降到數百萬日元以下的話，就能成為一般人也能實現的旅行，「太空旅行」將不再是夢。

　　維珍銀河（Virgin Galactic）日本地區官方代理店 Club Tourism Space Tours 公司，以每人 25 萬美元的價格讓民眾預訂太空旅行行程（見圖 30-1）。

圖 30-1　維珍銀河公司提供太空旅行行程

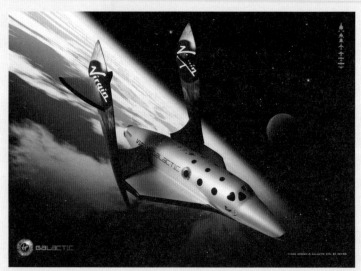

圖片來源：Club Tourism 新聞資料

第 **4** 章

「超奢華」商機：
改變享受奢侈的定義

在家和家人一起烹調一流餐廳的套餐菜色；自己打造視覺系咖啡，享受愜意的居家咖啡廳；打造家庭菜園，在家養蜜蜂；變成新遊牧民族，將工作與住居都移到露營地。這些共通點不是享受高額的商品或服務，而是享受舒適生活的奢華「時間」。新冠肺炎疫情，大大地改變了人們的價值觀。

31 星級美食，
在家也能完美重現

疲情前

去高級餐廳享受晚餐

疲情後

在自家完美重現
名店套餐餐點

先驅案例

荷蘭

前言 晉升疫後贏家的 獲利模式大全

第 1 章 「超距離」商機

第 2 章 「超購物」商機

第 3 章 「超娛樂」商機

第 4 章 「超奢華」商機

第 5 章 「超資訊」商機

第 6 章 「超企業」商機

第 7 章 「超地域」商機

後記 商機是留給懂得 適應變化的人

參考資料

<h2>現象　人氣餐廳料理居家重現</h2>

在荷蘭，讓米其林星級餐廳的套餐料理，可在家「完美重現」的食材外送服務「Cook like a chef」，引起熱烈討論。為了讓每個人都能輕鬆烹飪鵝肝醬、松露、魚子醬、龍蝦等高級食材，將寫著做法說明的食譜與食材包裝在一起，網站上也放上料理影片，讓消費者能順利完成，享受和家人一起做極品料理，在家就能享受奢華套餐料理的新體驗。

<h2>分析　在家也能和親朋好友享受高級料理</h2>

荷蘭這家餐廳的特色在於並非僅提供餐點，而是外送食材組合。提供派對套餐、素食套餐、聖誕套餐等豐富多樣的種類，此外，還可以訂購搭配餐點的葡萄酒及巧克力等。另外，為了讓外食的奢華體驗可在家重現，設定了非常詳細的選項。

發現新商機！

奢華的定義從原本「在高級餐廳品嚐高級料理」，轉變成「和親朋好友一起做菜、一起品嚐，共享時光」，價值觀產

生極大的變化。

　　日本也有「yuizen」提供宅配各類高級料理的外送服務。另外，從食譜搜尋平台「cookpad」及料理影片App「kurashiru」的使用者增加，也看得出宅在家的時間變多，做菜的人確實增加的現象。

　　關於在家做菜的市場大餅，Kitoisix的食材宅配正在成長，但重現高級餐廳餐點的食材組合，卻還是未開拓的領域。將兩者組合在一起的服務，看起來頗具商機。

　　除了餐廳自己經營這項服務，也可以打造高級套餐食材的外送專用平台，來協助推展餐廳的服務，或是運用市場行銷及烹調方法的影片等，也會是個有效的策略。在英國，王室御用的食材用品店「Waitrose」，以平價的20英鎊（約新台幣760元）銷售情人節用的食材組合包。菜單包含前菜、主菜兩份、甜點、瓶裝葡萄酒或盒裝巧克力擇一。除了日常菜色，再增加為了特殊節日所準備的食材組合，應該能掌握住消費者的需求。

　　另外，提供素食食材包及清真食材組合等，鎖定特殊需求的商品，也是一個值得考慮的選項。

32 自製人氣咖啡，打造居家咖啡館

疫情前

在人氣咖啡館
享受咖啡

疫情後

看咖啡食譜享受
動手做的樂趣

先驅案例

韓國　英國

現象 自製咖啡廣受歡迎

來自韓國的飲品「400 次咖啡」，在封城中的英國爆紅。將即溶咖啡粉、砂糖、熱水，以 1：1：1 的比例混合，再以攪拌器攪拌成綿密的奶霜後，倒至玻璃杯的牛奶上後就大功告成。在韓國，因為人氣女子團體 TWICE 上傳影片而開始流行。既有親子手作的樂趣，又有時尚的外表，以及讓人產生咖啡館飲品的錯覺，都是高人氣的原因。

在日本也是在年輕人間爆紅，有段時間在社群網站上到處都看得到影片。可以考量健康需求將牛奶換成杏仁奶或豆漿，也可以放上棉花糖或冰淇淋等配料來增加視覺效果，或嘗試改變味道。將咖啡換成抹茶、可可亞等的話，種類變化會更豐富。

分析 為居家的時間增加奢華感

「400 次咖啡」因為符合以下 4 項要素，而獲得超高人氣：

- 可以自己輕鬆動手做。
- 用家裡常備的食材就可以完成。
- 外觀時尚，讓人想上傳社群網站。
- 在家就能感受身在咖啡館的氣氛與時光。

前言
醫升疫後贏家的
獲利模式大全

第1章
「超距離」商機

第2章
「超購物」商機

第3章
「超娛樂」商機

第4章
「超奢華」商機

第5章
「超資訊」商機

第6章
「超企業」商機

第7章
「超地域」商機

後記
商機是賣給懂得
適應變化的人

參考資料

發現新商機！

在日本，同樣來自韓國的草莓牛奶，也在年輕人間流行。這是一款先將新鮮的生草莓切碎後，加入細砂糖攪拌至醬狀，再加入牛奶，放上隨意切的草莓當配料而成的一款飲品。由於草莓醬和牛奶的分層很漂亮，所以很適合上傳 IG。

年輕人很容易受到韓流的影響。若將韓國流行的居家飲品和食物，做成可自己輕鬆做的食材包，應該會成為一項商機。將居家餐飲，變成真正咖啡館的菜單或便利商店的商品銷售，也是一個方法。

不只飲料和食物，還可將具有咖啡館氛圍的杯具及杯碟等餐具、桌布、桌子和椅子、燈具等，包裝成「居家咖啡館組」來銷售，也會是一個不錯的商機。

33 家電再進化，
發酵食品不用盯就成功

疫情前

在超市購買
納豆及優酪乳

疫情後

在家自己做
健康食品

先驅案例

中國

前言 提升疫後贏家的 獲利模式大全

第1章 「超距離」商機

第2章 「超購物」商機

第3章 「超娛樂」商機

第4章 「超奢華」商機

第5章 「超資訊」商機

第6章 「超企業」商機

第7章 「超地域」商機

後記 商機是留給懂得 適應變化的人

參考資料

（現象）**具有發酵功能的家電大賣**

在中國，可以在家自己做優酪乳和納豆的發酵家電很受歡迎。攝取發酵食品可以提升免疫力，且能享受和家人一起做的樂趣是受歡迎的原因。烹飪家電廠商「小熊」、「九陽」等均有銷售這類產品，小熊的迷你發酵器為人民幣 99 元（約新台幣 450 元），在中國的電商網站「天貓」一個月就創下了銷售 1.4 萬台的佳績。

（分析）**就連忙碌的都市人也可以使用**

一台就可以做優酪乳和納豆，這樣的通用性是優勢。製作優酪乳時，在牛乳中添加優酪乳菌粉；製作納豆時則放入生大豆與納豆菌。溫度管理及發酵時間等控管完全交給發酵機，優酪乳的酸度用按鈕就可以調整，不用一直盯著，連繁忙的都市人都可以輕鬆上手。

發現新商機！

在日本，疫情期間每天攝取納豆及優酪乳等發酵食品的人非常多。家電量販店，已經出現優酪乳機的專區，以「可提升免疫力」等標語宣傳。無印良品販售不須天天攪拌、也不須專用容器，只要放入蔬菜將夾鏈袋密封，就可自己做醬菜的袋

型醬菜罐也大受歡迎，可見自己做發酵食品的需求很高。日本國內還有很多其他各式各樣的發酵食品，如醬油、味增、甜酒釀及塩辛（將魚貝類及其內臟醃漬發酵而成）等，研發出可自製美味發酵食品的發酵家電，就有可能獲得消費者青睞。

　　此外，在疫情期間，鬆餅粉的銷量也大幅成長，在家和家人一起做可麗餅用的薄餅機的需求也變多了。不單只是強調可做發酵食品，以行銷策略來說，訴求「在家和家人一起做的樂趣」，也成為研發熱門商品時的關鍵。如果還能研發出可調整發酵度、外觀及味道等細節設定的高級發酵家電，更有可能熱賣。

34 自給自足、快速配送，蔬菜新需求

疫情前

在高級超市選購，
講究蔬菜品質

疫情後

蔬菜「自給自足」、
沒有實體店面的幽靈超商增加

先驅案例

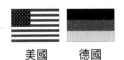

美國　　德國

現象 **家庭菜園及生鮮食品配送人氣旺**

宅居生活下的美國，販賣蔬菜種苗的「Burpee Seed」、指導家庭菜園種植方法的「奧勒岡州立大學園藝大師培訓項目」（Oregon State University's Master Gardener program）急速成長，這是由於擔心食材的採買問題，使得想「自給自足」的人增加。以往對園藝及家庭菜園沒興趣的族群也開始關注，是這波流行的特徵。

在德國，負責配送食材的新創公司 Gorillas，主打特定區域內可將生鮮食品在 10 分鐘內送達的服務，以此為強項來擴大市場。目標族群是做菜時，發現忘記買重要材料的人、每週需要採買生鮮食品的餐廳等，半夜也可以採買，下單後穿著黑猩猩般制服的配送員會送貨到府。像這樣的食品配送業者，就像是僅提供外送服務的幽靈餐廳，在紐約、費城和倫敦等地都有現蹤。

分析 **接觸自然、活動筋骨，具有療癒效果**

都會區生活的居民剛開始接觸家庭菜園時，除了可體會農夫的辛勞，在接觸土壤、活動筋骨的過程中，也會產生身心放鬆和運動的效果，可因此獲得快樂的感覺。即便開始的契機是對疫情感到不安，但隨後也成功挖掘出潛在的客戶層，他們樂於務農，且今後也會持續下去。

前言
晉升疫後贏家的
獲利模式大全

第
1
章
「超距離」商機

第
2
章
「超購物」商機

第
3
章
「超娛樂」商機

第
4
章
「超奢華」商機

第
5
章
「超資訊」商機

第
6
章
「超企業」商機

第
7
章
「超地域」商機

後記
商機是留給能
適應變化的人

參考資料

實際上，在太陽下接觸土壤，一般認為具有很好的療癒效果。再加上，和家人一起從事勞務、食用自己種的蔬菜帶來的滿足感，可大幅舒緩疫情造成的憂慮心情。在自家種菜的人去買菜的頻率會降低，可以節省時間和金錢；在辦公室栽種的人，則可以把菜拿來做午餐，和同事一起採收，也有助於公司聯絡同事間情誼及消除壓力，具有雙重效果。

此外，對於宅居生活中經常煮菜的人，生鮮食品配送的需求也是急增，因此講求速度的高速配送時代來臨，在全球有好幾間新創企業推出類似服務。

發現新商機！

以家庭菜園為主的自給自足需求，作為新市場來說，成長的可能性很高。這個現象的背後，代表健康意識的高漲及追求生活的充實感。

疫情發生後，日本最想居住的城市排名從東京都中心部移往郊外，從這點也可看出離開都中心的人在增加，也就是說，人們開始嚮往住在郊外、自給自足的生活。使用大範圍土地栽種蔬果的講座、農業課程等，是規畫商業活動的好機會。

住在都市的居民也有同樣的需求。運用大樓的陽台及自家的小庭院就可栽種的迷你式農田、芽苗菜、微型蔬菜等，任何人都可以輕鬆栽種的蔬菜、香草類的需求預料會增加。

　　另一方面，喜歡在家做菜的人增加，專門快遞缺少食材的外送業者和幽靈超商，也是一種可發展的商業模式。

35 都市農藝，
療癒疲倦的都市人

疫情前

家庭菜園只有
部分愛好者

疫情後

高科技栽種、養蜂套組
快速普及

先驅案例

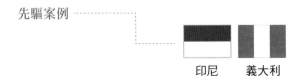

印尼　義大利

（現象） **家庭菜園、養蜂箱獲全球好評**

在印尼，首都雅加達等主要都市，培養居家興趣的人增加了。人氣急增的選項之一是都市園藝（Urban Gardening），也就是在都會中的家庭菜園。

另外，義大利的 Beeing 公司推出可在家養蜜蜂的新產品「B-Box」。這是一款適合在大樓陽台養蜂的養蜂箱，可在箱內留下足夠量的蜂蜜，僅取出多餘的蜂蜜。養蜂箱的側面鋪設玻璃，讓孩童可以觀察蜜蜂的生態。藉由獨家的設計，避免使用者採蜂蜜時被蜜蜂螫傷。

（分析） **對都市生活疲倦的年輕人想回歸自然**

在雅加達，沒有庭院的人很多，不需使用土壤，只要有水、液體肥料、容器就可以在室內或陽台等打造小菜園的水耕栽培，獲得消費者青睞。藉由簡單栽種植物獲得療癒效果，在居住都市的年輕人為主要對象，瞬間流行了起來，有的家庭還會特意多種植來販售。在經濟快速發展與都市成長的雅加達及曼谷等新興國家的市中心，可觀察到這類客群主要是對競爭社會及所得差異感到疲憊的年輕人，傾向回歸自然與遷移到地方城市等。新冠肺炎疫情更是一口氣助長了這個趨勢。

另一方面，來自義大利的養蜂套組人氣瞬間暴漲。全

前言
醫升疫後攤家的
獲利模式大全

第1章
「超距離」商機

第2章
「超購物」商機

第3章
「超娛樂」商機

第4章
「超奢華」商機

第5章
「超資訊」商機

第6章
「超企業」商機

第7章
「超地域」商機

後記
商機是留給懂得
適應變化的人

參考資料

球超過一百個國家,每天都有新的養蜂家誕生。

發現新商機!

　　結合高科技的新時代水耕栽培裝置,也因為新冠肺炎疫情而人氣急速上升,其中特別熱賣的是,美國 Aero Garden 的水耕栽培高科技套組。利用 LED 照明與高營養肥料,可以培養出比一般栽培快 5 倍的萵苣、番茄、香草、花卉。不使用除草劑、農藥及基因改良種子,具備生物安全性也是特色之一,因此獲得大量訂單,在官方網站上也出現高價商品暫時完售缺貨的盛況。在美國還有其他類型產品,例如,ēdn 所販售的以核桃木和 LED 燈條構成、具備無線網路連線功能的「SmallGarden」,可從 App 獲得數據來管理植物。這種能實現自給自足生活的裝置,可在室內輕鬆使用,尤其對於居住空間狹窄的地方,看起來會是個商機。

　　此外,養蜂套組也是一個新的領域。據說除非有特殊狀況,蜜蜂不會隨便螫人,不只具有飼養寵物般的療癒感,還有可採收蜂蜜來當作回報的新穎感。只要裝置操作簡單的話,預料也能普及。

36 慢生活取代豪奢，影片點閱率超高

疫情前

豪奢名媛的影片
具有高人氣

疫情後

質樸的「生活系」
備受矚目

先驅案例 ⋯⋯⋯⋯

中國

前言 曾升疫倦贏家的 獲利模式大全

第1章 「超距離」商機

第2章 「超購物」商機

第3章 「超娛樂」商機

第4章 「超奢華」商機

第5章 「超資訊」商機

第6章 「超企業」商機

第7章 「超地域」商機

後記 商機是留給懂得適應變化的人

參考資料

（現象） **慢生活影片獲得高人氣**

「李子柒」是一位在中國的社群網站上具有高人氣的影片型網紅。在微博上，有 2,750 萬人追蹤，甚至在中國據說難以連上線的 YouTube 上都有 1,480 萬的粉絲（兩者皆為 2021 年 3 月的數據），真可說是中國第一網紅[*]。

影片的內容是自然呈現她在中國農村從事農務或勞作、烹飪時的樣貌，幾乎沒有任何台詞。但是，在大自然環境下的慢生活及她本人平凡自在的氣質魅力，一經高品質的影片播放，就擄獲了大多數人的心。特別在疫情期間，受到對都會的生活感到疲憊、嚮往大自然的年輕人喜愛，獲得高人氣。

（分析） **治癒厭倦都市生活的年輕人**

據悉李子柒小時候曾被親戚踢皮球，14 歲時就開始工作，生活艱辛。影片中的她不會刻意看鏡頭、也不會特別微笑，給人爽朗的印象，完全不會做任何討好觀眾的事。另一方面，她懷有生存技能、具有刻苦的一面，下田種菜是日常基本，就連調味料也是用在田裡採收的蔬菜調製。

---

[*] 頻道已於 2021 年 7 月 14 日停止更新。

烹飪炒菜時所使用的油,也是完全手工自製,用種植的油菜榨油而成。影片內容跟其他網紅不同,有別於都市的忙碌生活,可感受農村的四季變遷,吸引了觀眾的目光。

她也發展商業模式,2019 年開始銷售鄉村料理的食材包,在疫情期間相當火紅。例如,她的螺螄粉,據說就紅到「比口罩還難買」。2020 年 7 月,李子柒所屬的企業也成立食品公司,進一步擴大事業版圖。

發現新商機!

日本也有以高質感影片,分享自己生活的「生活系 YouTuber」,主要在年輕世代間擁有高人氣。二十多歲男奧平真司分享他在東京公寓恬淡生活的影片的頻道「OKUDAIRA BASE」,就是一個好例子。這代表以新冠肺炎疫情為轉捩點,開始反對浮誇、嚮往不花錢的質樸生活。在日本,雖然移住到郊外的人變多,但大多數的人依然住在大都市裡,以年輕人為中心開始對都市生活感到疲倦,渴望被療癒。未來在社群網站的交流,加入可讓人感受到自然和純樸的內容,會是擄獲觀眾的重要元素。

37 高級餐廳改走休閒風，營造紓壓氛圍

疫情前

很難預約的
高級餐廳

疫情後

戶外輕鬆愜意的
葡萄酒吧

先驅案例

丹麥

現象 **全球頂級餐廳，變身戶外葡萄酒吧**

　　世界最佳餐廳排行榜上的常勝軍，老饕嚮往的哥本哈根高級料理餐廳 Noma。過去以一位難求而聞名的這家餐廳，將疫情化為轉機，於 2020 年 5 月以全新的商業模式重新開始營業。以具有可瞭望湖泊美景的開放空間葡萄酒吧兼外帶服務的餐廳，重新出發。

　　沒想到菜單上的主餐，竟會是簡單的漢堡。原來，比起難預約的高級餐廳，創始人選擇了可和三五好友輕鬆聚餐的休閒餐廳路線。

　　Noma 進一步還開了新餐廳 POPL，提供以發酵室手工製作的丹麥產有機牛肉的肉醬、素食與純素主義用的植物肉的肉醬製成的漢堡。

分析 **追求休閒感和彈性應對**

　　從前，在時尚餐廳，邊受款待邊品嚐高級餐點，被認為是餐廳的價值所在。但是，比起這樣氣氛嚴肅的體驗，放下壓力輕鬆地品嚐美味，才是餐廳原本的價值，餐廳業者和消費者都意識到了這一點，也就是說，重要的不是餐點的價格，而是輕鬆愜意的時光，在被大自然環繞的空間中品嚐葡萄酒，正好符合了這項需求。

前言
醫升疫後贏家的
獲利模式大全

第
1
章
「超距離」商機

第
2
章
「超購物」商機

第
3
章
「超娛樂」商機

第
4
章
「超奢華」商機

第
5
章
「超資訊」商機

第
6
章
「超企業」商機

第
7
章
「超地域」商機

後記
商機是留給懂得
適應變化的人

參考資料

發現新商機！

　　今後，雖然餐點技術是世界一流，但不須預約，隨時都能前往休閒餐廳的需求會增加，高級餐廳開設副牌來滿足這項需求，可說是有效的商業模式。這種情況下，選擇湖畔或露營地等可感受到大自然的開放空間設點，可以提高餐廳的附加價值，成功滿足這項需求的可能性會提高。

　　此外，由於時代改變了，除了可放鬆享受的休閒感，未來的餐廳最需要的是，臨機應變地改變營業風格。位於東京代代木上原的 sio 餐廳，在政府自 2021 年 1 月疫情警戒的狀態下，從早上就開始提供早餐全餐「早晚餐」（Morning Dinner）的服務，同時也提供和餐點搭配的無酒精飲品。這是在居家辦公環境下，餐廳所做的變革。

38 線上酒吧，
維繫情感不間斷

疫情前

到喜歡的酒吧喝一杯

疫情後

在家享受線上酒吧

先驅案例

英國

前言
曾升後贏家的
獲利模式大全

第1章
「超距離」商機

第2章
「超購物」商機

第3章
「超娛樂」商機

第4章
「超奢華」商機

第5章
「超資訊」商機

第6章
「超企業」商機

第7章
「超地域」商機

後記
商機是留給懂得
適應變化的人

參考資料

（現象）**知名啤酒業者舉辦線上酒吧活動**

　　身為蘇格蘭當紅的精釀啤酒廠商，同時還經營連鎖酒吧的「釀酒狗」（BrewDog），為了因封城而無法上實體酒吧喝酒的啤酒愛好者，以 Zoom 開設了「線上酒吧」。時間為每週五，參加者的條件有三：年齡要在英國的法定飲酒年齡 18 歲以上、要提前線上申請、要預先購買釀酒狗的啤酒。兩位創辦人還提供豐富的活動內容，如「虛擬猜謎大賽」（在酒吧辦猜謎大賽是英國自古以來的傳統）、試飲品酒會、現場音樂表演等，讓參加者雖然人在家中，卻能有親臨酒吧般的歡樂感。

（分析）**成為和粉絲交流的特別時光**

　　線上酒吧不僅保有傳統的猜謎大賽，還能和酒吧員工聊天，體驗實體酒吧同樣的娛樂，成為線上酒吧受歡迎的原因。釀酒狗曾舉辦跨年線上酒吧等活動，未來依然會不定期舉辦線上活動，作為和粉絲維繫感情的方法。

發現新商機！

　　日本也有麒麟啤酒以贊助商的身分，舉辦線上品酒會等案例，但目前還沒有廠商固定舉辦線上酒吧。

　　有粉絲擁護的精釀啤酒廠商，可以跟定期舉辦爵士樂或現場演奏的酒吧合作，像釀酒狗一樣設下要購買自家商品才能參加的條件，舉辦現場音樂演奏及猜謎等內容，作為支援酒吧的活動或商品的宣傳，都是很有效的方式。

　　疫情期間在家飲酒的需求增加，有段時期，Zoom 飲酒會因滿足了想要邊聊天邊喝酒者的需求，而博得人氣。不過，Zoom 飲酒會現在已經退燒，所以獨自在家喝酒時，想要「與人溝通」的欲望無法被滿足。若由廠商定期主辦有趣的線上酒吧活動，應該能將渴望交流的啤酒族和葡萄酒愛好者變成常客。

　　後疫情時代可採雙軌制經營模式，先讓消費者在線上了解實體酒吧的氣氛，再吸引他們來到實體酒吧，也是一個不錯的方法。

車廂晚餐，兼具
餐廳氣氛與防疫安全

疫情前

在室內品嚐美味

疫情後

在車內享用全餐

先驅案例

德國

現象 在餐廳停車場享用車廂晚餐

位於慕尼黑的義大利餐廳「Monti」，利用餐廳的停車場來提供「車廂晚餐」（Dinner in the Car）服務。除了義大利餃和烤蝦等一般菜餚，不含酒精的開胃酒（餐前酒）及其他飲品，也可以點 39 歐元（約新台幣 1,200 元）的全餐。為了讓顧客坐在車內也能體驗豪華餐點，還提供和餐廳內相同的餐具、迷你桌布、LED 燈及餐巾。服務生全員穿戴口罩和手套，注意衛生安全。用餐完畢後，將餐具放在車旁的小桌上即可，將染疫的風險降到最低。

分析 既維持社交距離又能享用美食

想要避免和其他人一起在室內用餐的情況，又想要在餐廳的氣氛下品嚐美食。兩相矛盾的需求，利用車內這個私人空間，成功地被滿足了。

發現新商機！

在日本，餐廳開始提供外送及外帶服務引起了關注，除了這些服務，可以再加上「車廂晚餐」作為第三種服務，會是不錯的選擇。在疫情期間，自用車的車內空間是最安全的場所之一，已經成了社會的共識，不只在大流行再次發生的時候能

前言
醫升疫後贏家的
獨利模式大全

第1章
「超距離」商機

第2章
「超購物」商機

第3章
「超娛樂」商機

第4章
「超奢華」商機

第5章
「超資訊」商機

第6章
「超企業」商機

第7章
「超地域」商機

後記
商機是留給懂得
適應變化的人

參考資料

派上用場，疫情結束之後，也可以規畫成提供給想要享受兩人世界的情侶。

在美國，墨西哥速食料理連鎖店 Chipotle 開始實驗性質地提供得來速服務，只要使用專用 App 點餐，店員就會將餐點送到停在店旁邊的車上來。餐點並非只能在店內享用，大家都在摸索各種方法，除了內用和外帶，提供把餐點送到車上等多樣化的服務，也是一個選項。

另一方面，日本汽車產業關注「健康」、「幸福」，例如，將車內打造成可舒展身心的「正念概念車」（Mindfulness Concept Car），並在空調加裝防病毒裝置的趨勢等，讓車內環境及設計更有益於身心健康的布局在加速。未來，車子將進一步變身成舒適放鬆的私人空間，不單只是移動的手段，而是豐富美好生活的工具。預計在不遠的將來，這樣的想法會開始萌芽，車子價值的提升是必然的。

40 提供足夠空間，住宿放鬆兼顧防疫

疫情前

客房以外是公用空間

疫情後

包下整層享受奢華空間

先驅案例

日本

前言
疫升疫後贏家的
獲利模式大全

第1章
「超距離」商機

第2章
「超購物」商機

第3章
「超娛樂」商機

第4章
「超奢華」商機

第5章
「超資訊」商機

第6章
「超企業」商機

第7章
「超地域」商機

後記
商機是留給懂得
適應變化的人

參考資料

現象　從包場方案和遠距工作需求找活路

限制外出、保持社交距離等政策，對飯店旅館業來說是很大的打擊。

在日本國內外經營飯店的星野集團，早在新冠肺炎疫情發生以前，就開始推出各種活動方案。2020 年春季，集團內的虹夕諾雅京都旅館推出「遠離塵囂賞花住宿」方案，一天僅提供一組住宿者可包下露台進行賞花活動（見圖 40-1）。在戶外 16 個榻榻米大小的露台，品嚐松花堂便當及雞尾酒等佳肴，以包場的方式獨享櫻花。還可在 4 個榻榻米大的疊蓆高台，舉辦戶外茶會。

圖 40-1　虹夕諾雅京都旅館推出的「遠離塵囂賞花住宿」方案

圖片來源：虹夕諾雅京都「遠離塵囂賞花住宿」新聞資料

另一處的虹夕諾雅東京旅館，則開始主打包下旅館整層的方案。這是為了讓入住旅客可安心享受住宿時光。每層樓的中心都設有公共休憩空間，可以作為遠距上班的工作室使用，滿足法人顧客的需求。在居家辦公的日子，對於員工感情變得疏離的企業來說，可在奢華的空間轉換心情，不管是要腦力激盪還是開策略會議，作為一項團隊建立活動（Team Building），是一個很實用的空間。虹夕諾雅東京將會持續提供 24 小時自由使用 6 個客房與公共休憩空間的包層方案，讓一般旅客可在館內慶祝結婚紀念及畢業紀念，企業也能在這裡舉辦公司成立週年的活動。

分析　提供可避免感染的多元住宿方式

多數的旅宿業者都有採取充分的防疫措施，若是和平常生活就在一起的人住宿，風險則會更降低，對於住宿的顧慮也會減少。生活和工作都成天宅在家，壓力也會到極限，因此即便多花一點錢也會願意入住。

前言
晉升疫後贏家的
獲利模式大全

第1章
「超距離」商機

第2章
「超購物」商機

第3章
「超娛樂」商機

第4章
「超奢華」商機

第5章
「超資訊」商機

第6章
「超企業」商機

第7章
「超地城」商機

後記
商機是留給懂得
適應變化的人

參考資料

發現新商機！

　　包層住宿方案，是為了讓客人在私人空間，享受特別的住宿體驗而誕生的，疫情成了一個契機，讓人們重新意識到和家人共度時光的重要性，未來，願意在和家人共度時光上消費的傾向很強烈，即使到了後疫情時代，包層住宿的高價方案的需求有可能會使價格變得更高。虹夕諾雅東京旅館無視疫情，在各個樓層都採用了設置公共休憩空間的設計，是因為未來除了一般住宿，能夠對應包層住宿需求的飯店才有商機。

　　此外，在要拓展目標客群，想鎖定年輕族群時，為「總是膩在一起的三五好友」提供私人空間的想法會有幫助。在年輕人之間，從疫情前就有觀察到流行用愛彼迎（Airbnb）包下郊外獨棟房屋和死黨一起度假的現象。「想和死黨聚在一起」、「放假想跟好友一起過」是年輕人特有的心情，所以針對此一族群，不是推出單人優惠、也不是家族優惠，而是與好友相約的「老朋友優惠」。未來，鎖定「常聚會的老朋友」，不只提供住宿，還規畫餐廳及其他設施等各種服務的話，可以抓住年輕人的心。

41 消除視覺疲勞，語音內容大幅成長

疫情前

以看影集和電影為主

疫情後

選擇適合
邊聽邊做的語音內容

先驅案例

美國

前言 晉升疫後贏家的獲利模式大全

第1章 「超距離」商機

第2章 「超購物」商機

第3章 「超娛樂」商機

第4章 「超奢華」商機

第5章 「超資訊」商機

第6章 「超企業」商機

第7章 「超地域」商機

後記 高機動能懂得適應變化的人

參考資料

現象　支援宅居生活的服務火紅

在居家的狀態下，讓居家時光變充實的服務變得熱門。美國廚具品牌 Equal Parts 為了讓做菜時間更有趣，製作了適合在做菜時聽的背景音樂歌單，由串流音樂平台 Spotify 提供。不只是銷售產品而已，也致力於提升做菜體驗。

另一方面，隨著散步、做家事或開車時間增加，可邊聽邊做事的有聲書吸引了不少人氣。在美國有作者自己朗讀的作品，例如，蜜雪兒‧歐巴馬（Michelle Obama）的《成為這樣的我》（*Becoming*）、安東尼‧波登（Anthony Bourdain）《安東尼‧波登之廚房機密檔案》（*Kitchen Confidential*）等；也有由名演員朗讀的作品，例如，梅莉‧史翠普（Meryl Streep）的《心火》（*Heartburn*）等，種類非常豐富，成為博得人氣的祕訣。「Libby」App 就和全美的圖書館合作，提供讓人以手機或平板免費借閱有聲書的服務，也有付費購買的服務，在疫情期間，下載數大幅成長。

分析　降低眼睛疲勞、充分利用時間

近年來，雖然使用者對於 YouTube 影片及電影等豐富的線上影音內容需求很高，但人們也開始討論使用過度

造成眼睛疲勞、視力減退的問題，觀看的同時不能做別的事，也是一大缺點。從這點來看，用耳朵聽的內容，既不會傷眼，還可邊聽邊做事，能充分運用時間。

疫情導致人們重新省思如何利用時間，難得有這個機會，在做家事或散步的時候，當然想同時學點新事物或從事娛樂，這樣的需求很高。

發現新商機！

日本以前就有有聲書，市場正逐步擴大。亞馬遜（Amazon）出品的有聲書服務「Audible」平台上，有日本名演員朗讀的多部作品，還有 2020 年堤幸彥導演「聽的電影」《阿雷克氏 2120》等，讓「聽」的內容更加進化（見圖 41-1）。今後像這種用耳朵聽的電影、連續劇，有可能會像雨後春筍般冒出來。包含朗讀在內，這些聽的作品會是演員和聲優活躍的新商業領域。

此外，遠距辦公人數增加，當對著電腦變成日常，眼睛也會處於疲勞狀態。電影等影音內容很難邊聽邊做事，但音樂和背景音則經科學證明，有助於單獨工作時提升效率，或許應該著手思考提供聽覺的內容。

前會 晉升疫後贏家的 勝利模式大全

第1章 「超距離」商機

第2章 「超購物」商機

第3章 「超娛樂」商機

第4章 「超奢華」商機

第5章 「超資訊」商機

第6章 「超企業」商機

第7章 「超地域」商機

後記 商機品質給懂得適應變化的人

參考資料

圖 41-1　Audible 平台上推出「聽的電影」

圖片來源：Audible 新聞資料

提升視聽體驗，
慵懶服飾大行其道

疫情前

穿著平常的家居服
隨意上網瀏覽

疫情後

換上專用潮服享受
家庭電影院

先驅案例

澳洲

前言 掌握疫後贏家的獲利模式大全

第1章 「超距離」商機

第2章 「超購物」商機

第3章 「超娛樂」商機

第4章 「超奢華」商機

第5章 「超資訊」商機

第6章 「超企業」商機

第7章 「超地域」商機

後記 商機是留給懂得適應變化的人

參考資料

（現象） **居家休閒服與時尚品牌聯名**

由在澳洲經營有線電視台及付費影片服務的 Foxtel 公司，所推出的新串流平台服務「Binge」，和時尚品牌「The Iconic」進行了跨界聯名合作。在新冠肺炎疫情封城期間，發布了「慵懶服飾」（Inactivewear）系列，讓顧客可以在家舒適地長時間看電視。

根據該公司的調查結果，澳洲在封城期間有 57％以上的民眾使用串流平台服務，較以往成長兩成，而 2 人中就有 1 人表示視聽時想要穿著舒適的衣服。因而打造時尚奢華的慵懶服飾，讓觀眾可更沉浸在電視的世界，享受沒煩惱的時光。全系列採用中性的剪裁線條，由澳洲模特兒塔妮・阿特金森（Tahnee Atkinson）擔任品牌代言人。

（分析） **「如何舒適過生活」才是重點**

影音娛樂界的企業，為了讓使用者更舒適，跟時尚品牌聯手推出，可長時間觀賞影音內容的服飾，這是極為新穎的企畫。創新當然重要，但嘗試將視聽體驗的價值提升到極致，才是牢牢抓住使用者的關鍵。

發現新商機！

　　日本也有同樣的風潮，居家或去附近買東西時可穿的舒適穿搭「One-Mile Wear」，成為時尚話題。現今網飛受到大眾歡迎，由內容方（影片製作方）發想最理想的「觀看網飛專用服飾」，連同機能面的設計，和服飾業者共同研發推展，會是一個有效的方法。此外，還可延伸至沙發及坐墊等，像這樣跨領域的新創意商品及服務，在新生活常態中十分重要，有機會造成話題和掌握商機。

　　以往人們很重視時尚、在意別人怎麼看待自己，但隨著宅居時間延長，現在已不是「悅人時尚」（fashion for others）的時代，「悅己時尚」（fashion for me）的想法開始扎根，也就是說，「自己如何舒適過生活」變成做選擇時的重要準則，今後的商品開發要更重視這一點，才是熱銷的關鍵。

43 走出室內，
庭院聚會人氣爆棚

疫情前

和朋友在室內聚會

疫情後

庭院等戶外成為
新聚會區域

先驅案例

英國

現象 **在通風佳的戶外享受娛樂**

英國的獨棟房屋基本上都有附庭院，在封城期間，利用庭院空間創造出旅遊感覺、戶外體驗及娛樂享受的人變多。購買可在戶外使用的電視投影機的人急速增加，將投影機設置在通風良好的庭院，邀請親朋好友及鄰居來，座位維持社交距離，一起看電影或球賽的社交活動很受歡迎。在大型超市的店面陳列區，也可以看到戶外電視擺放在顯眼的位置。另外，因為無法去球場和運動酒吧看職業球賽，在中庭擺放電視，播放現場比賽轉播的酒吧也變多了。

另一方面，因為政府要求避免外出，英國 SPA 池的銷售也快速成長。民眾將 SPA 池設在自家庭院中，感受度假的氣氛。在 eBAY 網站上，於封城的 2020 年 3 月 22 日到 6 月 6 日，SPA 池的銷量是前一年的 276％，若只看 4 月 5 日到 11 日這週，銷量更是前一年的 1,000％，創下紀錄。

分析 **疫情期間，要求良好的通風環境**

不論是自宅或餐廳，室內空間的感染風險高，必須要留意通風。從這點來看，庭院等戶外安全度較高，不用擔心通風問題。發現這一點的英國民眾，可以舒適地待在庭院享受娛樂的設施人氣都急速爆棚。

前言
窺升疫後贏家的
獲利模式大全

第
1
章
「超距離」商機

第
2
章
「超購物」商機

第
3
章
「超娛樂」商機

第
4
章
「超奢華」商機

第
5
章
「超資訊」商機

第
6
章
「超企業」商機

第
7
章
「超地域」商機

後記
商機是留給懂得
適應變化的人

參考資料

發現新商機！

　　因為新冠肺炎疫情的關係，全球都開始注意到自家庭院及附近商店、餐廳的戶外空間等，這些地方成為「新消費領域」，市場持續成長的可能性很高。日本同樣也是鄰里聚在一起，用大型螢幕一起欣賞橄欖球等賽事的機會增加，看起來可在戶外使用的電視及螢幕、投影機的需求會變高。加上戶外用的桌椅等家具、風扇及電暖器等，將這些組合在一起變成運動觀賽套組，也會有商機。另外，設置 SPA 池感受旅遊氛圍的「居家度假」，也可能會流行。

　　但在只有小庭院的大都市中心，很難弄出可以放置這些設備的地方。如果要推展這項商機，郊外及地方城市比較有機會，且庭院成為和鄰居交流的社交場合，也有助於社區的再生。1965 年，家用電話還沒普及到家家戶戶都有，沒有電話的人去有電話的鄰居家借用是很普遍的事情。以現在的角度來看，由於電話已經普及，聽起來已經像是在講古了，但經歷過新冠肺炎疫情，似曾相似的古早時光再次重現。

　　另一方面，餐飲店也須積極利用戶外空間。露天空間的運動酒吧，以及利用頂樓、閒置地、公共空間等場地來提供娛樂的餐廳等，戶外型的飲食商業模式會是爆紅的關鍵。

信箱不只放信，
零接觸型禮物受歡迎

疫情前

配送員抵達門口簽收

疫情後

放入信箱零接觸型收件

先驅案例

英國

前言 晉升疫後贏家的 獲利模式大全

第1章 「超距離」商機

第2章 「超照物」商機

第3章 「超娛樂」商機

第4章 「超奢華」商機

第5章 「超資訊」商機

第6章 「超企業」商機

第7章 「超地域」商機

後記 商機是留給懂得 適應變化的人

參考資料

（現象）**方便零接觸運送的禮物形式問世**

在英國限制外出期間，將葡萄酒及花束等禮物投遞至信箱的需求增加（見圖 44-1）。在不能與親朋好友見面的狀況下，對於憂鬱度日的人來說，一份驚喜的禮物，能讓送禮方及收禮方都感到喜悅與療癒，而成功抓住了消費者的心。為了讓葡萄酒能放入信箱，團隊用巧思採用了扁瓶包裝。此外，在荷蘭也有外送用、能放入信箱的蘋果塔及甜點組合等產品問世。

圖 44-1　可投遞至信箱款式的鮮花組合

圖片來源：作者攝影

分析　舊信箱的新用法能配合零接觸收件

　　使用宅配服務，必須要在門口跟宅配員簽收，從防疫的角度來看，有些人會排斥這麼做，但若是放到信箱中的話，可以完全零接觸的方式收件，具有提升安心感的效果。加上打開信箱的那一刻，發現收到禮物的驚喜感，也可說是優點之一。從以前就存在的舊信箱，新用法受到消費者青睞，使用者因此增加。

發現新商機！

　　日本也有「Bloomee」、「Flower」等每個月固定送花到信箱的訂閱制服務，在年輕消費者間受到歡迎。不需和宅配員接觸，打開信箱就能看到花的驚喜感很新奇。除了花，還有為了適合投遞至信箱，瓶身經優化採扁平設計的葡萄酒等，其他能放入信箱尺寸的禮品，透過商品化和服務化，看起來都有機會。

　　實際上，美國在疫情下的情人節期間，以宅配方式寄送在盒裝卡片中，裝有迷你瓶的威士忌及龍舌蘭的「可喝的情人節卡」的服務，掀起流行。例如「NIPYATA! Cards」和「Drinkable Cards」。而在日本，除了洋酒，還可將日本酒或燒酒的迷你瓶放入卡片中投遞至信箱，這應該會受到歡迎。

　　信箱方面，可預設會有投遞禮品的需求，設計大容量款式，或具有容易放入商品的大投遞口等，在構造上增添設計巧

前言
　雪升疫後贏家的
　獲利模式大全

第1章
　「超距離」商機

第2章
　「超購物」商機

第3章
　「超娛樂」商機

第4章
　「超奢華」商機

第5章
　「超資訊」商機

第6章
　「超企業」商機

第7章
　「超地域」商機

後記
　商機是留給懂得
　適應變化的人

參考資料

思，推出「可供投遞禮品」的款式。讓商品廠商和服務提供者發送專用箱的行銷策略，也會有助於銷售。

　　像葡萄酒的案例，完全零接觸且具設計感的商品，或可將包裝設計為可收納擺飾（置物架等常備櫃），使用者應該會增加。零接觸、不見面的方式，不只具有防疫的優點，還具有不用直接簽收的方便性，在未來新冠肺炎疫情結束後，需求依然會持續存在。

45 比起海外旅行，
在地微旅行反成主流

疖情前

期待奢華的海外旅行

疖情後

鄰近地區再發現之旅

先驅案例 ‑‑‑‑‑‑‑‑‑

美國

前言
醫升疫後贏家的
獲利模式大全

第1章
「超距離」商機

第2章
「超購物」商機

第3章
「超娛樂」商機

第4章
「超奢華」商機

第5章
「超資訊」商機

第6章
「超企業」商機

第7章
「超地域」商機

後記
商機思留給適將
適應變化的人

參考資料

現象) **離家不遠的旅行受矚目**

　　當出國旅行變得遙不可及，在鄰近地區重新找到旅遊目的地，變成全球各地的一股潮流。日本也有出現稱為「微旅行」的新領域，而在愛彼迎平台上，自從爆發大流行後，離家 320 公里以內的住宿預約狀況，都呈現爆發性的成長。在開車或搭乘大眾交通工具就可安全抵達的範圍內，享受旅行的快樂，這樣的市場需求很高。

分析) **將對海外的嚮往，轉向在地**

　　旅遊當然希望安心又安全，但過去目光總容易被海外或遠距離的旅行吸引，就像是當局者迷一樣，對自己周遭的地區完全不了解的人很多，蒐集資訊實際走一趟，才察覺到在地充滿魅力的例子並不少。配合這股趨勢，飯店業者也將重點目標從外國觀光客，轉換成當地及鄰近城市的居民。

發現新商機！

　　在日本也一樣，疫情期間中用愛彼迎租下鄰近地區的房子，年輕人聚在一起「宅居小酌」變成一股流行。此外，和好

圖 45-1　飯店度假示意圖

圖片來源：日本新大谷飯店集團新聞資料

前言
晉升疫後贏家的
獲利模式大全

第1章
「超距離」商機

第2章
「超購物」商機

第3章
「超娛樂」商機

第4章
「超奢華」商機

第5章
「超資訊」商機

第6章
「超企業」商機

第7章
「超地域」商機

後記
商機是留給情境進化的人

參考資料

友一起在附近的高級都會飯店住宿，享受度假氛圍的「飯店度假」也很流行（見圖 45-1）。以新冠肺炎疫情為轉捩點，旅遊從遠距離轉換成近距離，主打和朋友宅居小酌或飯店度假的方案，會是有效的行銷手法。

此外，籌畫適合在地人的微旅行情報網站、旅遊企畫，及運用全球交通行動服務（Mobility as a Service, MaaS）來規畫路線等也都有幫助。聚集附近有共同興趣的民眾來個迷你旅遊行程、在社群軟體上創設社團群組、讓接待方的飯店改變部分裝潢來因應微旅行需求、強化商業需求以外的機能等，無數的商業機會正在展開。重新審視當地，發掘新的旅遊形式，會是今後的標準之一。

另一方面，將地方政府為宣傳主體的線上虛擬旅行，搭配上試吃或料理教室等內容的線上體驗行程也在增加中。不出國遠遊，重新發現國內的魅力，並支持在地的生產者，成為一股很大的潮流。

46
新游牧民族誕生，露營車成新風潮

疫情前

工作一定要在辦公室

疫情後

住在車上的新遊牧民族出現

先驅案例

美國

前言

晉升疫後贏家的
獲利模式大全

第1章
「超距離」商機

第2章
「超購物」商機

第3章
「超娛樂」商機

第4章
「超奢華」商機

第5章
「超資訊」商機

第6章
「超企業」商機

第7章
「超地域」商機

後記
商模店商值懂
適應變化的人

參考資料

（現象）**露營車成新風潮**

在美國，將露營車或超大型 RV 車停在露營場留宿的「RV PARK STAY」，越來越流行。因新冠肺炎疫情的影響，國內旅行的需求增加，加上能保持社交距離，所以喜歡戶外的人增多，使露營成為新風潮（見圖 46-1）。不過目前的瓶頸，在於多數的露營場及 RV 車的無線網路環境尚未整備完成。舊金山新創公司 Kibbo 著眼於這一點，推出了會員制的 RV 露營場地，提供可遠距工作的無線網路環境，具有冰箱、廚房的共用空間、可以工作的共享辦公室，只要成為會員（月費 150 美元），就可以使用 Kibbo 的 Clubhouse（指具有上述設備的度假屋），此外加入高級會員方案（月費 995 美元），就可以不受日數限制使用 Kibbo 所有的 Clubhouse。

（分析）**遠離狹窄的都會生活**

封城的情況持續，讓人們（尤其是年輕人）對都會區狹窄的公寓生活與高房租感到厭煩，Kibbo 因為掌握人們的需求而急速成長。目前想要成為會員的人很多，甚至有會員額滿必須候補的情況。

圖 46-1　露營車已成為風潮

圖片來源：Carstay 新聞資料

前言
醫升疫後贏家的
獨利模式大全

第1章
「超距離」商機

第2章
「超購物」商機

第3章
「超娛樂」商機

第4章
「超奢華」商機

第5章
「超資訊」商機

第6章
「超企業」商機

第7章
「超地域」商機

後記
商機邏輯緊循得
邊隨變化的人

參考資料

發現新商機！

　　日本因為疫情的關係，露營大大地流行了起來。搞笑藝人 Hiroshi 因為喜歡獨自露營，而成為了「單人露營」達人，由於大眾愛看他的露營活動，因而掀起了單人露營的風潮。從單人到家族，各種不同人數的露營，讓露營人口暴增。正因如此，現在是戶外經濟的大好時機。

　　特別是露營車、廂型車的租借服務與共享服務（出租方與承租方的仲介服務），受到市場關注，「車宿」變成新的旅遊關鍵字。看好露營需求，願意提供車宿場所的觀光區和地方政府也變多了。

　　在美國，把車當作「家」，不只是旅遊，生活和工作都在車上的「Van-Life」興起，未來也期待朝向這樣的「Workcation」（工作度假）發展。

　　設施業者只要整備好無線網路及可工作的環境機能，住在車上邊移動邊工作的「新遊牧民族」願意造訪的可能性就很高。地方政府也提供協助，導入露營產業作為新的旅遊政策，鼓勵露營者在地方上消費也是目的之一。

第 5 章

「超資訊」商機：
系統化活用數據

世界各國都運用 IT 技術，運用前所未有的數
據技術，避免感染源擴大，協助支撐醫療體系。
重要的是創新的想法、導入科技的速度，還有
決斷力。參考海外大刀闊斧的案例，可以找到
該如何運用數據進行風險管理的方法。

47 導入數據，
染疫高風險區一目了然

疇情前

自主避免往人潮多的
區域移動

疫情後

利用數據篩選入場者

先驅案例

中國

前言 晉升疫後贏家的
獲利模式大全

第1章 「超距離」商機

第2章 「超購物」商機

第3章 「超娛樂」商機

第4章 「超奢華」商機

第5章 「超資訊」商機

第6章 「超企業」商機

第7章 「超地域」商機

後記 商情是留給懂得
適應變化的人

參考資料

（現象）**從足跡判斷染疫風險**

在新冠肺炎肆虐的 2020 年 2 月，中國上海市政府推出了在微信和支付寶 App 內，加裝證明身分編碼的「隨申碼」政策。政府從購物及移動的足跡，來判斷編碼持有人是否有去過重點監視地區及發生群聚感染的地方，隨申碼就是證明無上述風險的工具。原本在上海市內的各個設施入口，入場者都需要測體溫、填寫聯絡方式和健康聲明，但因為導入了「隨申碼」，使得入場登記變得簡便。進入公共設施、辦公大樓、購物中心等都需在入口出示隨申碼，要將感染的可能性杜絕在外。

英國則推出數位健康護照「V-Health Passport」。下載專用 App，由指定的醫師做新冠肺炎疫情的檢查，判斷為陰性後，App 裡的證件照上就會出現綠色的圓章。為了維持綠色圓章的有效性，必須定期接受診斷證明。數位護照由於安全性高，所以容易被民眾接受。

加上與銷售 PCR 家用快篩試劑的企業合作，推出將檢查結果顯示在 V-Health Passport 的服務。可在養老院等和家人會面時或要搭乘飛機時出示，能運用在各領域。

（分析）**在常用的 App 上導入數據**

在大部分國民都已經用習慣的通訊 App 微信與行動支

付 App 支付寶兩大平台上，面對疫情危機，火速導入管理國民的系統數據，國民也沒有異議地接受，實現了中國式的科技對策。只有感染可能性較低的人，可以進入設施、大樓及商場，所以對於使用者來說成為可以安心的依據。

發現新商機！

在日本，厚生勞動省[*]研發出一款判斷是否與新冠肺炎確診者曾有接觸的 App「COCOA」。使用手機的近距離通訊功能（藍芽），在彼此不會察覺、可確保隱私的狀態下，通知使用者可能曾與新冠肺炎確診者接觸。下載數已達 2,500 萬次。只不過這款 App 的應用僅停留在與確診者的接觸這一「點」，不能應用到場館的入場管理上。相較之下，中國的措施則是擴及到「面」的管理，可記錄曾到過疫情發生地區的足跡數據，也可運用到入場管理上。中國採取了運用數據的積極防疫對策。個人資訊的處理、政府監視國民行動的問題及是否有科學根據等，有很多批評的論點，但我們不能畫地自限停止思考，應該要去檢討與討論運用數據的可能性。

不過，就像英國的數位健康護照一樣，日本已可將自我檢測的結果，隨時以手機顯示，所以對於在設施或服務的入場時顯示的使用方法，實際上是具有可行性的。可以考慮在棒球和足球比賽、奧運等國際賽事時採用。

---

[*] 主掌健康、醫療、看護、勞動、年金等政策的機關。

前言
疫後贏家的
當升獲利模式
大全

第1章
「超距離」商機

第2章
「超購物」商機

第3章
「超娛樂」商機

第4章
「超零萃」商機

第5章
「超資訊」商機

第6章
「超企業」商機

第7章
「超地域」商機

後記
商機是留給懂得
適應變化的人

參考資料

　　此外，也有國家是使用手機以外的工具導入判斷接觸的系統，像是新加坡。不只利用手機，還導入了具藍芽功能的攜帶型圓形代幣（Token），能對應政府提供的進出場紀錄系統，方便隨身攜帶。這個裝置對於不想下載軟體，或是手機沒有藍芽功能的人，又或是不習慣使用的銀髮族，都可以一網打盡。

即時人潮資訊，
有效落實社交距離

疫情前

到了現場才知排隊
與壅塞狀況

疫情後

用軟體事先調查
人流與車流

先驅案例

印度

前言
疫後贏家的
獲利模式大全

第1章
「超距離」商機

第2章
「超購物」商機

第3章
「超娛樂」商機

第4章
「超奢華」商機

第5章
「超資訊」商機

第6章
「超企業」商機

第7章
「超地域」商機

後記
商機是留給
適應變化的人

參考資料

現象 **因社交距離而需求增**

在印度，有一款名為「WaitQ」的 App 擁有高人氣，它可以事先掌握購物中心、公園、藥局、食品店、公車站、加油站、公車、電車等大眾交通工具，所有地點的人潮車流狀況，資訊一目了然。掃描店裡的 QR Code，就能掌握店裡有排隊時排隊的人數、店裡的擁擠狀況。

分析 **人潮資訊服務如雨後春筍**

以前在印度，不論要去哪個地方，都要到現場才知道現場的人潮狀況，難以保持社交距離的狀況經常發生。「WaitQ」App 就是在這樣的背景下登場。可以確認是否能保持適當的社交距離，受到使用者青睞而普及。

發現新商機！

在日本，除了 JR 東日本公司以幾乎即時的方式，提供車內的擁擠資訊，還有 NAVITIME 公司，以獨家技術估算出電車、公車的擁擠狀況。此外，還有 unerry 公司推出提供將超市、美妝店、量販店、百貨公司與購物中心，共 4.9 萬間的商店的人潮情況可視化、依週及時間顯示的網站「購物人潮地圖」（Powered by Beacon Bank），並與新聞 App

「SmartNews」合作,在 App 內以加選的方式提供服務等。
提供人潮資訊的服務日漸增加。

　　在疫情期間,要去的地方人潮是否眾多?從安全性的角
度來看,人潮資訊變成非常重要的情報;但從效率性及舒適性
來看,在疫情結束後提供人潮資訊的服務,依然是一項有高附
加價值的服務。有像印度的案例一樣,將所有地點的人潮資訊
變成可一覽的平台型服務,或像 Gurunavi、Tabelog 這些餐廳
預約網站,除了預約服務,額外提供人潮資訊,或可由商店場
館等在官網或 App 上提供等。人潮資訊的經濟在各種模式都
具有商機(見圖 48-1)。

圖 48-1　使用 App,可以馬上知道人潮資訊

圖片來源:SmartNews 新聞資料

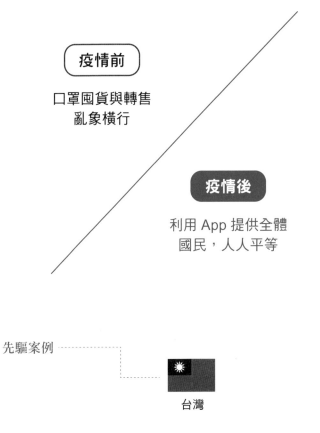

49 線上配給制，口罩不再一片難求

疫情前

口罩囤貨與轉售
亂象橫行

疫情後

利用 App 提供全體
國民，人人平等

先驅案例

台灣

現象 成功將口罩銷售系統化

台灣政府為了預防口罩的轉售及哄抬價格等亂象，將國內製造的口罩全數徵收管理，建構出一套讓國民以實名制購買的系統，在全球獲得高度評價。2020 年 2 月開始導入的初期，是讓民眾在藥局前面排隊，將健保卡插入專用讀卡機讀取資料後，每人一週可購買兩片口罩。之後藉由政府研發的 App，在地圖上將各藥局的口罩庫存狀況可視化，讓排隊的情況獲得緩解。5 月時進一步改良，變得可用 App 預約口罩。預約好的口罩可在指定的四大超商付款領取。也可以用超商的機台進行預約。

台灣的健保卡上，除了可以查詢姓名、出生年月日、病歷及用藥紀錄的健保卡號，還有儲存了個人資訊的 IC 晶片，因此才能順利地將口罩銷售系統化。

分析 政府主導，為資訊弱者設想

在 App 上預約購買口罩，除了藥局，也可以在超商及大型超市領取。不擅長操作手機的年長者，也可以使用超商裡的機台，在店員的協助下完成預約，由於充分為資訊弱者著想，所以不分世代，國民的滿意度都很高。最終隨著產量增加，每位國民每週可購買的口罩數量上調到 9 片，口罩幾乎平等地到達全體國民的手上。

前言 暫升疫後贏家的 獲利模式大全

第1章 「超距離」商機

第2章 「超購物」商機

第3章 「超娛樂」商機

第4章 「超審單」商機

第5章 「超資訊」商機

第6章 「超企業」商機

第7章 「超地域」商機

後記 商機是留給懂得適應變化的人

參考資料

發現新商機！

在日本，口罩的屯積與轉售橫行，甚至有段時期出現商店缺貨，大多數的國民買不到口罩的窘境。如果能像台灣這樣由政府徵收，運用科技實施配給制，或許可避免社會陷入混亂不安的局面。只不過，日本並非像台灣一樣每位國民都持有這種嵌有 IC 晶片的健保卡，或說可以進行數位處理的卡片。可作為候補選項的個人編號卡，普及率僅 25％。雖然日本政府訂下「2022 年要讓幾乎每一位國民都持有」的目標，但能否達成還前途未卜。為了當非常狀況發生時，可由政府主導排除囤積等亂象來實施配給制，更加要動腦思考才行。

台灣有世界知名的傳奇程式設計師、「天才 IT 大臣」唐鳳，主導了口罩銷售系統的建構。若想建構完善機制，對於民間優秀人才的錄用，需要採取廣納的態度。

杜絕假新聞，
實情資訊消除大眾恐慌

疫情前

假新聞滿天飛，
國民陷入不安

疫情後

正確的資訊、不再
處於恐懼的社會

先驅案例

義大利　泰國

前言　冒升疫後贏家的

獵利模式大全

第1章　「超距離」商機

第2章　「超購物」商機

第3章　「超娛樂」商機

第4章　「超奢華」商機

第5章　「超資訊」商機

第6章　「超企業」商機

第7章　「超地域」商機

後記　商機是留給懂得順應變化的人

參考資料

現象 **即時公開疫情狀況**

在泰國，2020 年 2 月隨著新冠肺炎疫情擴大，假消息、假新聞滿天飛，讓國民感到焦慮不安，像是「喝檸檬汁可以殺死新冠肺炎病毒」、「純素者的病毒感染率比較低」、「做日光浴能讓病毒消失」等都是代表例子。在這樣的情況下，泰國的 IT 企業「5Lab」為了提供正確的資訊，設立了名為「新冠肺炎新聞追蹤器」（Covid-19 News Tracker）的網站，配合政府發表的消息，在地圖上即時標示出疫情發生的時間、地點及人數等數據。可對應的語言有泰語、英文、中文及日語。3 月 12 日網站一上線，就吸引了眾人關注，才短短 5 天使用者累計就多達 400 萬人。

在另一頭的義大利，為了避免新冠肺炎大流行，研發出依地方行政區，監測國民的健康狀態及行動範圍的軟體。軟體的設計，是藉由使用者輸入每天的健康狀態，讓政府不只可掌握確診者及疑似病例的人數與地點，還可取得移動路徑等。從使用者輸入的症狀判斷疑似感染時，系統就發會送通知給使用者。有的 App 甚至還增加了主動發送使用者居住地區的疫情資訊，以及危險區域通知的功能。

分析 專家支援保護個資

　　泰國的「新冠肺炎新聞追蹤器」除了確診消息，對於可做 PCR 檢查及新冠肺炎治療的專責醫院資訊，以及可購買食材及日用品地點的生活資訊等也一併在地圖上標示。當社群網站上流傳無法判決真偽的消息時，「新冠肺炎新聞追蹤器」可以幫忙查證訊息的真偽，因此更多人開始使用。優點在於不只是疫情發生時，疫情解除時資訊也會跟著更新。

　　日本只有在群聚事件發生時會報導澄清，但當危機解除後卻不會更新安全資訊，讓在該地區營業的餐廳受到流言傷害的情形屢屢發生。追蹤後續發展、確實更新資訊，傳達地區的「現況」是很重要的。

　　而在義大利，雖然國民擔憂政府蒐集個資會侵害隱私，但針對 App 的研發，有不少專長在個資保護的律師關注並採取對策，具有一定的防止效果，讓國民較容易接受這種 App。

發現新商機！

　　日本在 2011 東日本大地震時也有假消息出現，在千葉縣的煉油廠發生火災後，網上開始散播「小心有害物質會隨著雨

一起落下」的幸運信（不轉傳就會變不幸），還有 2016 年熊本地震時「動物園的獅子跑出來了」的謠言，以及 2018 年大阪府北部地震時「外國人害怕地震，會因恐慌而滋事」的謠言，當時都在社群網站上流傳。

新冠肺炎疫情剛發生時，日本各地紛紛出現衛生紙缺貨的假消息，引起了民眾囤貨的亂象，被假新聞愚弄的人不在少數。其他還有像是「新冠肺炎病毒是中國研究所製造的生化武器」、「新冠肺炎病毒怕熱，喝熱水有預防的效果」、「吃納豆可預防新冠肺炎肺炎」、「從武漢來的發燒症狀旅客，在關西國際機場拒絕採檢後逃跑了」等各種假消息或容易導致誤解的資訊傳散。

政府應該要設立網站，針對這些消息立刻查證，判斷真偽後告知大眾，並積極公開疫區的資訊及之後要採取的措施等，這對今後的疫病大流行及災害防制很重要。

51 貢獻一己之力，社會職人與政府協作

疫情後

個人以 3D 列印機
製作提供

先驅案例

德國

前言
疫升級後贏家的
獲利模式大全

第1章
「超距離」商機

第2章
「超購物」商機

第3章
「超娛樂」商機

第4章
「超奢華」商機

第5章
「超資訊」商機

第6章
「超企業」商機

第7章
「超地域」商機

後記
商機是留給懂得
適應變化的人

參考資料

（現象） **以技術支援地方上的醫療院所**

在德國，將需要醫療器材的醫療機關，與擁有 3D 列印機或雷射切割機的團體或個人建立連結的「製造者與病毒」（Maker vs. Virus）活動受到矚目。企業雖然擁有 3D 列印機，但因為政府宣布防疫政策，訂單跟生產作業都停止了，很多團體或個人實際都沒有在使用 3D 列印機。「製造者與病毒」就是在這樣的背景下，所推出的一項利用閒置機器支援地方醫療機構的計畫。具體來說，3D 列印機等機器的持有人，須向支援醫療院所的「中心」（Hub）聯絡並登錄，配合醫院的訂單，生產並運送面罩等醫療器材。設計圖是使用開源設計（Open Source）。

（分析） **成為列印機持有人和醫療機構的橋梁**

關於面罩的生產，要在工廠確保生產線暢通並正式投產，需要花時間且有難度。訂單的量必須要達到某個程度才行。從這點來看，若是選用可靈活應對的 3D 列印機，可以小量生產製造鄰近的醫院所需要的量，立即交貨送達。持有人與中心可以通訊軟體 Slack 隨時聯絡，將需要的醫療器材適時送達。

發現新商機！

　　在遇到疾病大流行及災害等時，可預料到現場會發生器材不齊全的問題，作為事前準備，建構一套讓 3D 列印機的持有人預先登錄的平台，是地方政府和地區有力團體應商討的對策。雖然在疫情期間焦點都集中在醫院器材上，但實際上不限提供給醫療機關，當某天突然需要某種新的器材時，生產步伐較快的 3D 列印就會是個有效的辦法。平時累積持有人的資料庫，登錄者彼此也可在社群網站上建立聯繫，當有狀況時則和有需求的機構盡速媒合，將個人職人化，我們需要這樣的機制。

　　此外，由地方政府持有 3D 列印機，以便宜的價格租借給民眾的制度，從平時就先建構好，緊急時便可發揮用處且需要將 3D 列印機持有人與有需求者媒合的制度等。

第 6 章

「超企業」商機：
線上與線下整合

只要發生疾病大流行，就會擺脫既有的框架與
形式；只要有需求，就能輕易跨越藩籬，為了
社會貢獻一己之力。海外企業以敏捷的步伐做
出社會貢獻的無數事蹟，獲得大眾共鳴。跨界
生產、聯名合作、新的雇用方式等，即使進入
後疫情時代，仍會持續進行。

52 發揮社會貢獻，
企業支援不足物資

疫情前

災害和疾病大流行，
靠 BCP 對策度過難關

疫情後

緊急時，用公司資源
貢獻社會

先驅案例

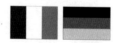

法國　　德國

前言　晉升後贏家的獲利模式大全

第1章　「超距離」商機

第2章　「超購物」商機

第3章　「超娛樂」商機

第4章　「超奢華」商機

第5章　「超資訊」商機

第6章　「超企業」商機

第7章　「超地域」商機

後記　商機是留給懂得適應變化的人

參考資料

（現象）　**運用自家公司技術，供應不足物資**

　　歐洲企業的社會責任意識很強，法國的美妝品牌取得消毒用酒精凝膠的特別生產許可，為了防堵新冠肺炎疫情，將生產完成的產品捐出。LVMH 每週捐出所生產的 12,000 公斤乾洗手凝膠及口罩，萊雅集團（L'Oréal）捐出 200ml 乾洗手凝膠 35 萬瓶，克蘭詩（Clarins）捐出 400ml 乾洗手凝膠 1 萬 4,500 瓶，希思黎（Sisley Paris）捐出乾洗手凝膠 6,000 公斤，歐舒丹（L'Occitane en Provence）除了捐給中國肥皂與凝膠，也捐給法國 7 萬公升的乾洗手凝膠。

　　在鄰國德國，有名的咖啡濾紙製造商 Melitta 開始供給醫療用口罩（見圖 52-1）。藉由將咖啡濾紙的形狀直接作為口罩的形狀，而得以使用既有的設備大量生產口罩。採用包含子公司 Wolf PVG 生產的不織布（熔噴不織布）濾網的三層構造，BFE（細菌過濾率）達 98％以上。還將美國、巴西工廠部分的產線改供生產口罩用，也投入符合 EU 高性能統一規格 FFP2、FFP3 的口罩研發。預計產能可以達到每日最高 100 萬片，且已經在北美、南美開始銷售。

圖 52-1 Melitta 生產的口罩

圖片來源：Melitta 新聞資料

分析　**企業貢獻，解決社會問題**

　　不論是法國的美妝企業，還是德國的咖啡濾紙公司，都在新冠肺炎疫情期間，火速打造出對社會有貢獻的產品，捐贈給社會。企業重視如何才能迅速解決乾洗手及口罩不足的社會問題，但不是蓋新工廠買新設備，而是運用自家工廠的生產線來達成目標，這樣決策的速度與彈性，才讓及時滿足立即的需求，使任務得以圓滿達成。

前言　晉升疫後贏家的獲利模式大全

第1章　「超距離」商機

第2章　「超購物」商機

第3章　「超娛樂」商機

第4章　「超奢華」商機

第5章　「超資訊」商機

第6章　「超企業」商機

第7章　「超地域」商機

後記　商機活貿給懂得適應變化的人

參考資料

發現新商機！

　　在日本，也有幾個企業跨界挑戰防疫任務，像是夏普投入口罩生產等（見圖 52-2）。夏普運用製造液晶面板的無塵室來生產口罩，成為緊急時運用自己公司資源，迅速達成社會貢獻的好例子，獲得了高度的評價。根據消費者的評價調查，夏普品牌的好感度與同業相比大幅地提升了。今後，預先設想當發生非常狀況時，自家公司如何才能做出社會貢獻，提前準備發生時可立即導入的方案很重要。

　　另一方面，日本人有因花粉症戴口罩的習慣，原本就是「口罩大國」，加上新冠肺炎疫情讓口罩變成必需品，以年輕女性為主，口罩出現時尚化。比如有點綴在口罩上的單點配件（例如香氛釦）、有吊繩可掛在脖子上的口罩盒等。各個時尚品牌皆發表時尚流行的口罩，具防疫效果、五花八門的時尚不織布口罩也登場。將時尚有型的口罩相關商品，銷售到全世界也是重要商機。

　　2020 年 5 月下旬開始，泰國階段式解除封城措施、外出機會增加，附頸繩的口罩大流行。可調整耳繩長度（與頸繩為同一條），外食時可直接掛在脖子上用餐，走路時也可掛在脖子上攜帶，需要時再馬上戴上。這種在海外很紅的商品，也可以被引進口罩需求高的國家。

圖 **52-2** 夏普生產的口罩

圖片來源：夏普新聞資料

企業跨界合作，
協助高齡消費者

疫情前

在擁擠的店內
焦慮地挑選商品

疫情後

專屬時間、安心接送，
順利地購物

先驅案例

美國

前言 奪升疫後贏家的獲利模式大全

第1章 「超距離」商機

第2章 「超購物」商機

第3章 「超娛樂」商機

第4章 「超奢華」商機

第5章 「超資訊」商機

第6章 「超企業」商機

第7章 「超地域」商機

後記 商機是留給懂得適應變化的人

參考資料

（現象） **優步和超市合作協助高齡者購物**

在美國，為了讓新冠肺炎感染機率較高的高齡者，可安全順利地購物，將開店前的一個小時限定為高齡者專用時間的趨勢擴大。在這樣的背景下，優步（Uber）與連鎖超商「Stop&Shop」合作，推出來店購物的高齡者車資減半的期間限定服務。服務對象為 60 歲以上，使用優步時輸入專用的活動碼，最多可優惠 20 美元。每週兩次，服務的提供時間為早上 6 點到 7 點半。

（分析） **企業雙方加上消費者，創造三贏局面**

在人潮眾多的店裡買東西，對高齡者來說會產生各種焦慮的心情。從住家到賣場的交通方式也是令人擔心的問題。將「賣場」與「交通」組合在一起，降低購物的難度，讓許多高齡者因此受惠。由於高齡者早起活動的人較多，企業特別將服務的時間設定在早晨，這點也發揮效果，創造出對企業雙方和消費者三贏的局面。

發現新商機！

　　一家企業無法解決的難題，不同產業的企業組合在一起，可以發揮彼此的長處，創造出解決的方案。日本是世界第一的高齡大國，自 2019 年起，感染風險高的被照顧者與高齡者大幅增加，恐怕是難以避免。因此各產業都應該跨界聯手推出高齡者優惠、高齡者專用時間、高齡者限定服務等。

　　例如美國的例子，藉由計程車和超市合作，才能提供高齡者安全購物的解決方案。若能利用這項措施降低高齡者的感染風險，則醫療機構的負擔也可減輕，因此由行政單位提供補助金協助也是一個辦法。或者，在平時也固定在早上設定一個高齡者專用的時間，利用計程車的共乘制度來接送高齡者，車資的一半由超市負擔等，可以摸索一些新的服務。

　　越是大流行般的危機，越需要跨越企業間的藩籬尋求多元合作。平時面臨少子高齡化、極限部落（指共同體的機能維持已達到極限狀態的村落）等眾多社會議題的課題先進國（指面臨許多史無先例的議題的國家），可以透過跨界合作獲得更多經驗，非常時期正是聯手創造新事業商機的機會。

54 電商和實體店攜手，建構取貨機制

疫情前

網購的商品
寄送到家中

疫情後

在街上所有商店
都可領取

先驅案例

英國

現象) 線上下單，線下自取

在英國受到外出限制的影響，以亞馬遜為代表，電商的需求爆發性地成長。不過，卻因為配送員的負擔增加，而發生貨物無法準時抵達的問題。因此在電商網站或 App 上下單（Click）的商品，在指定的商店集貨（Collect）領取的服務「點擊取貨」（Click and Collect），因而受到矚目。這樣的服務在新冠肺炎發生前就已融入生活當中，但在疫情期間，消費者想要將在店裡停留的時間更短，因此獲得了更多的青睞。2020 年約 80％的零售店導入點擊取貨服務，與前一年相比成長 32％。根據全球最大規模的統計平台 Statista 預測，點擊取貨的使用率，在 2022 年將會達到線上整體銷售的 13.9％，銷售額將會來到 96 億英鎊（約新台幣 3,650 億元）。

此外，各企業合作的「進化型點擊取貨」也應運而生。美國亞馬遜與英國快時尚大品牌 NEXT 聯手，推出讓消費者在 NEXT 門市領取商品的服務；在 Waitrose 超市，則可領取在休閒服飾品牌 Boden 網路商店購買的服飾。

前言
提升疫後贏家的
獲利模式大全

第1章
「超距離」商機

第2章
「超購物」商機

第3章
「超娛樂」商機

第4章
「超零售」商機

第5章
「超資訊」商機

第6章
「超企業」商機

第7章
「超地域」商機

後記
商機是留給懂得
適應變化的人

參考資料

分析　**電商和實體店鋪攜手前進**

　　哪間公司的服務和自己公司組合起來，會有助於社會？這樣的發想，推進了電商網路商店和實體門市的合作。對於消費者來說，宅配服務需要在家簽收，而到店自取的話，便可依自己有空的時間去領貨。對於提供取貨服務的店家來說，則可以期待取貨者到店裡時，「順便購買」店裡的商品。對供給雙方來說都有助益，也具有很大的社會意義，因此加速了普及。

發現新商機！

　　日本也有在超商等門市領取網路商品，或去設置在車站或超市的專用置物箱，輸入認證碼完成電子簽名後，置物箱的門就會打開領貨。只不過還沒有企業彼此合作，提供領取商品服務的商業模式出現。未來可以思考的是，取貨地點不限於零售店的異業結盟模式，例如車站前或附近的餐飲連鎖店或健身房等商家，可以提供店內的休息空間來作為包裹的存放場所，和服飾業者合作，讓消費者可領取網路商品。當消費者前來取貨時，就可以順便介紹餐飲或健身房，成為新的接觸點。

　　日本屬於人口減少型社會，電商逐漸成長，且因新冠肺炎疫情而加速。未來，特別是人口減少很明顯的地區，會率先開始產生宅配的問題，也就是說，宅配、運送的人員不足問題會浮現，且越是鄉下地區，宅配費用會越高，這些實際上是極

有可能發生的，應提前做準備。

　　再加上，現在還沒有網路商店的獨立商店及個人商店，若能確保取貨地點，則他們也能加入市場，進入電商網路商店，一口氣加速數位化轉型。

55 不只靠門票，利用募款維持營運

疫情前

動物園及水族館門票
是收入來源

疫情後

大家捐款一起
飼養動物

先驅案例 ┈┈┈┈┈┈

美國

現象 藉由募款來營運的模式

在美國被迫停止營業的動物園及水族館等，為了守護園區裡的動物，利用臉書、YouTube、Instagram 等，上傳影片為宅居的民眾帶來樂趣，藉此募款以維持營運。

賓州的埃爾姆伍德公園動物園，嘗試舉辦了名為「長頸鹿募款」的活動，當觀看直播影片的觀眾中有人捐款，動物園園長就會對捐款者致謝並餵食園區裡的動物。也有小學生以班級為單位，各自在家用 Zoom 連上動物園網站，詢問關於長頸鹿的問題、與飼育員討論受傷的長頸鹿。

分析 成為飼養動物員的模擬體驗

以「捐款」贊助營運資金後，園長就會以直播餵食表達對捐款的感謝，這會產生一種自己彷彿變成動物飼養員的感覺。以前去動物園或水族館看動物展出，自己就是一個局外人，但現在則會產生當事人意識，和動物間的交流加深，而更加愛護動物。

前言 晉升疫後贏家的 獲利模式大全

第1章 「超距離」商機

第2章 「超購物」商機

第3章 「超娛樂」商機

第4章 「超奢華」商機

第5章 「超資訊」商機

第6章 「超企業」商機

第7章 「超地域」商機

後記 商機是留給懂得 適應變化的人

參考資料

發現新商機！

　　動物園和水族館有時候難以只靠門票來維持營運。特別是郊區，娛樂的多樣化和少子化影響了入園者的人數，因此廢園倒閉的不在少數。在這樣的情況下，以地區居民為中心，藉由捐款一同飼養的制度，看起來可以成為有效的營運模式。也可以增加獎勵，例如，捐款者可透過線上直播和園長或飼育員交流等，想必參與者會增加。

　　日本旭山動物園從單純地將動物放在柵欄中展示，變成依動物習性調整展示方法的「行動展示」，讓動物園風靡一時，但已經是超過 10 年前的事了。如今對旭山動物園來說，以新方式 ──「影片展示」的機會又來了。也就是說，把新冠肺炎疫情當作契機，將動物園變成可以迎合現今影片全盛時代的需求，且不是由非專業的飼育員拍攝，而是借重專業攝影師的手，將展現方式及編輯都精心調整過的影片上傳，以全球觀眾為目標來募款，這將會是接下來的商機。

　　此外，在美國，無聊枯燥或充滿火爆氣氛的線上會議裡，作為療癒元素的靈感，會安排一個動物園的出席名額。動物園會以播放動物影像的方式，出借動物來參與會議，這種獨特的服務，獲得了廣大迴響。像這種以門票以外的方式，獲得收益的企畫靈感也非常重要。

56 取代裁員、無薪假，企業實施共享員工

疖情前

景氣惡化，裁員或
放無薪假

疫情後

企業間互借員工，
守護勞工雇用

先驅案例

中國

前言 搶升疫後贏家的 獲利模式大全

第 1 章 「超距離」商機

第 2 章 「超購物」商機

第 3 章 「超娛樂」商機

第 4 章 「超奢華」商機

第 5 章 「超資訊」商機

第 6 章 「超企業」商機

第 7 章 「超地域」商機

後記 商機是開給懂得適應變化的人

參考資料

現象 **共享員工風潮，在企業間擴大**

在中國，多數的餐廳、飯店、電影院都面臨營收大幅減少。但是也有既不裁員也不實施無薪假的企業。原來他們將多餘的人手，用「租借」的方式借調給因人手不足而傷腦筋的企業。

電商龍頭阿里巴巴旗下的盒馬，就積極租借這些多出來的人手。電商和實體店面雙棲的盒馬，因電商的需求激增，必須要緊急增聘配送員的情況下，從其他企業租借員工以充人手，解決了消費者的需求問題。

在中國，企業彼此共用員工的嘗試，稱為「共享員工」，這個概念今後應該也會持續下去。有廠商在工廠結束自主停工後，因為員工沒返回工作崗位或自願離職等，導致原本的 1,000 名員工中，實際返工上班的卻只有 100 名，該公司只好借助當地政府的力量，租借當地休假中的員工，讓工廠重新運作。

分析 **雇主和受雇者雙方的安全網**

不景氣造成需求明顯減少的情況下，為了刪減人事費用，以前唯一的解決之道就是裁員或強制放無薪假。不過，即便大環境不景氣，也有企業因特殊需求而逆勢成長，陷入人手不足的困境。

　　想守護員工的企業，與暫時性、急需人手幫忙的企業，藉由共享員工這個彈性的新思維，讓弱勢的勞工得以繼續工作，而企業也保住了將來需求回復時所需的人手，對彼此都有益的制度因此孕育而生。

發現新商機！

　　近年來，工作模式多樣化發展，不僅自由工作者增加，企業端允許員工從事副業的情形也越來越普遍。再更進一步發展，以前只能裁員或放無薪假的狀況，現在可將員工暫時外借給需要勞力的其他行業。「共享員工」制度若能普及，則對雇用者和受雇者來說，都多了一張安全網。

　　新冠肺炎疫情中，電商和外送行業驚人地成長，運送和宅配業者都面臨人手不足的窘境。另一方面，面對面的服務業則被迫休業或縮小經營規模，有多餘的人力。如果能在不同的行業或產業間互相租借員工，在企業守護員工的同時，員工則可在其他行業累積一定的經歷，拓展工作和想法的視野，提高經驗值。

　　企業的業績原本就會有高有低，日本不認可暫時解雇，所以當業績惡化時，企業的負擔就會變沉重。從這層面來看，將人才外借給業績好的公司，會成為救生圈。在疫情期間，就有物流業暫時承接從航空業界外借的人才。

　　日本也已經有人才外借制度，最常見的地方是足球的J聯賽。實施的方式是學習海外足球隊的做法，將有潛力但還沒

萌芽的選手外借給其他球隊，藉此增加出場機會、累積經驗。
日本企業也應該具有 J 聯賽般先驅的思維。

前言
當升疫後贏家的
獨利模式大全

第
1
章
「超距離」商機

第
2
章
「超購物」商機

第
3
章
「超娛樂」商機

第
4
章
「超螢幕」商機

第
5
章
「超資訊」商機

第
6
章
「超企業」商機

第
7
章
「超地域」商機

後記
商機是留給懂得
適應變化的人

參考資料

57 外送革命，
服務擴及弱勢團體

疫情前

物流及運輸的工作
是載人和送貨

疫情後

外送大企業主導
新支援計畫誕生

先驅案例 ....

泰國

226

前言 嘗升疫後贏家的 獲利模式大全

第1章 「超距離」商機

第2章 「超購物」商機

第3章 「超娛樂」商機

第4章 「超奢華」商機

第5章 「超資訊」商機

第6章 「超企業」商機

第7章 「超地域」商機

後記 商機是留給懂得適應變化的人

參考資料

（現象）**叫車業巨頭與超市，協助小規模農家**

在東南亞各國，不只叫車平台，還提供餐飲外送等各項服務的叫車軟體巨頭 Grab，在 2020 年 6 月為了支援受到新冠肺炎疫情而經濟遭受打擊的泰國社會，發表了「Grab 愛泰國，幫助泰國人民」（Grab Loves Thais, Helping Thai People）活動。

其中一項是農民支援計畫「Grab 愛農民」（Grab Loves Farmers）。和政府農業省合作，將地方上農民收成的水果，透過 Grab App 進行銷售的計畫。

除了上述計畫，活動內容還包含將食品及日用品，捐贈給因觀光客銳減而工作變少的 Grab 計程車司機的「Grab 愛夥伴」（Grab Loves Partners）、將餐點提供給弱勢兒童的計畫等。

（分析）**外送的平台化，提升服務價值**

在「Grab 愛農民」計畫中，消費者可使用 Grab 的超市宅配服務「GrabMart」，自曼谷市內 10 間商店購買活動標的的水果。過去對農民來說，要使用像 Grab 般的數位平台是一件很困難的事，因此對他們來說，這次是擴大通路的絕佳機會。因為新冠肺炎疫情，經由線上使用外送服務變成習慣，Grab 作為服務平台的價值也有所提升。

發現新商機！

日本近年來，餐飲店被當作感染源，再三被要求限制營業而大受打擊。伴隨這個狀況，受到波及的是將蔬菜水果進貨給餐飲店的農民。

物流和運輸的平台，不只是可以載人和運貨而已，藉由擴大思維，除了可以援助缺乏和消費者連接的地方農民，還可以擔任支援製造工藝品的工作室的角色。和零售店及電商合作，用 App 等就能輕鬆購買或使用服務，商業的可能性會格外寬廣。期待運輸與物流的平台業者，帶來新的支援及事業的「外送革命」，這在思考今後會發生的地震及其他災害時也很重要。

在建構的時候，Grab 採取的措施有很大的參考價值。Grab 是將計程車叫車、餐飲外宿、代購、支付服務等所有的需求，一條龍式提供的東南亞超級 App。目標是貼近在地，他們蒐集地方產生的需求，將其昇華成服務的「超本地化策略」奏效。期待日後可以採取包圍地方的策略，提供徹底在地服務的平台登場。

58 將廣告經費用於支援夥伴商店

疫情前

廣告是宣傳自家
商品的手段

疫情後

以鐵門廣告支援餐飲店

先驅案例 ┈┈┈┈┈

西班牙

現象 海尼根的酒吧支援活動

在西班牙，因為封城酒吧被迫長期停業。平時很熱鬧的繁華街道，都變成了「鐵門街」。看到酒吧的困境而伸出援手的是，荷蘭的啤酒大廠海尼根。海尼根跟承包海尼根案件的廣告公司 Publicis Italy 合作，展開在關門的店家鐵門上刊登宣傳該店家的「鐵門廣告」，而將廣告費作為資金直接支付給店家。海尼根將以前用在大樓屋頂或公車站的廣告經費，挪來做鐵門廣告的經費，而得以實現這個計畫。

分析 給予店家資金與支持

本來，支付停業補助、提供支援避免商店倒閉，是國家和地方政府的工作。但有時只靠補助，根本遠不及商店過去的收入。此外，在看不到未來的狀況下，對商店的存廢感到不安、覺得沮喪的經營者也大有人在。海尼根刊登的鐵門廣告上，寫著「今日看廣告，明日在此享樂」等文字，為酒吧的未來照進一縷光明，除了資金，也給了經營者勇氣。

海尼根的活動經由社群軟體傳揚到了全世界，跨越業務的藩籬積極行動的企業態度，吸引了來自歐美、亞洲及日本的消費者留言稱讚。

前言
醬升疫後贏家的
獲利模式大全

第1章
「超距離」商機

第2章
「超購物」商機

第3章
「超娛樂」商機

第4章
「超奢華」商機

第5章
「超資訊」商機

第6章
「超企業」商機

第7章
「超地域」商機

後記
商機是留給懂得
適應變化的人

參考資料

發現新商機！

　　酒吧及餐飲店，對酒精飲料廠商來說，是向消費者宣傳自家產品，並負責銷售商品的不可或缺的夥伴。當夥伴因預期外的停業要求而陷入困境，廠商自然會想要伸出援手。鐵門廣告作為實現這個想法的工具，非常有效。除了可以對路過酒吧及餐飲店前的人宣傳，在社群軟體上擴散也有助於提升企業形象，促進自家產品的銷售。經費是從其他戶外廣告的份額挪用來因應的這一點，也很聰明。

　　這個活動對於其他廠商或廣告公司來說，會成為拯救夥伴的靈感來源。此外，將商店的鐵門作為廣告媒介的靈感，在新冠肺炎疫情結束後，依然會是一個支援店家的好選項。

59 虛擬寶物實體化，現實也能吃得到

疫情前

遊戲裡的寶物
都是虛構的

疫情後

遊戲裡的寶物
真實重現

先驅案例

泰國

前言　醫升疫後贏家的
獲利模式大全

第1章　「超距離」商機

第2章　「超價物」商機

第3章　「超娛樂」商機

第4章　「超審車」商機

第5章　「超資訊」商機

第6章　「超企業」商機

第7章　「超地域」商機

後記　商機是留給懂得
適應變化的人

參考資料

（現象）**虛擬食物成真，口耳相傳熱銷**

　　美國的遊戲公司「銳玩遊戲」，為了在東南亞宣傳自家遊戲《英雄聯盟：激鬥峽谷》（*Wild Rift*），採取了奇招。將遊戲中可拯救玩家性命的神祕寶物「蜂蜜漿果」，在真實世界中作為一款食用水果重現，於泰國街頭提供，讓玩家可以實際品嚐。

　　調味製作是由具有世界級手藝的廚師擔任，準備了數種口味。泰國玩家在曼谷各地都可以拿到蜂蜜漿果試吃，還特別宅配到遊戲設計師家。結果在社群軟體上，蜂蜜漿果相關的廣告曝光次數，就高達 170 萬次。

（分析）**有震撼力的策略，在社群網站上擴散**

　　日本也有在主題公園將遊戲裡的世界，以限定區域、遊樂設施及餐廳來重現的例子。但是將遊戲人物回復生命力用的寶物，在現實生活中作為食用水果重現的策略，是一項很新穎、非常具有震撼力的宣傳。只要是遊戲迷，都會想要實際品嚐神祕寶物的特別體驗，且不用專門跑到主題公園就能輕鬆入手，這點也獲得肯定。寶物的實體化樣貌在社群軟體上迅速擴散，對提高遊戲認知度很有貢獻。

發現新商機！

　　超越遊戲公司的局限，讓遊戲中登場的所有寶物，都在現實生活中重現，以此作為宣傳的手法，對其他的遊戲同樣有效。例如，實際製作蜂蜜漿果這樣的虛構水果，在都會區的活動或固定的點配發試吃，又或者可以和零食廠商聯手，將遊戲內登場的補血寶物製作成超商產品等。不只是鐵粉，因為稀奇的關係，就連沒有接觸過的民眾也會想拿來吃，而成為被認知的契機，對於擴大遊戲玩家會有助益。除了遊戲，也可將動漫等裡出現的虛構食物商品化等，在各個領域都可以嘗試看看。

第 **7** 章

「超地域」商機：
對生產者、消費者、環境都有利

新冠肺炎疫情發生，人們開始重新擁抱在地（Local）意識。加上全球化推展過頭所產生的反動，以 SDGs 等來愛護環境、回歸地方的現象等交互作用，在疾病大流行期間，激盪出各種活動，滲透至人們的生活。後疫情時代，以這樣的新方案為根基，開始在全世界揭開在地化的序幕。

60 以年經人為主，
志工平台如雨後春筍

疫情前

以退休人士為主
組成志工團體

疫情後

由年輕人協助
社會弱勢

先驅案例 ⋯⋯⋯⋯

英國

前言 攀升疫後贏家的 獲利模式大全

第1章 「超距離」商機

第2章 「超購物」商機

第3章 「超娛樂」商機

第4章 「超著書」商機

第5章 「超資訊」商機

第6章 「超企業」商機

第7章 「超地域」商機

後記 商機是留給懂得適應變化的人

參考資料

現象 **志工線上平台如雨後春筍出現**

在慈善團體眾多，慈善日及慈善商店都獲得國民支持的英國，為了解決新冠肺炎疫情擴大造成封城等危機，以地區為單位的志工活動興起。特別受到關注的線上平台是「新冠肺炎英國互助會」（Covid-19 Mutual Aid UK）。不限首都倫敦，阿伯丁、布特爾、牛頓阿伯特、斯旺西等地方城市在內，最初在英國有超過200個志工團體登錄，將活動情況以臉書和推特等社群網路擴散，現今活動擴及全球，登錄的團體多達數千個。

具體的活動內容，是協助高齡者及慢性病患者等外出困難的社會弱勢者，幫他們採買物品、領藥及遛狗等。只需下載App「家有近鄰」（Nextdoor），就可以用「幫助地圖」（Help Map）功能尋找需要志工的地方，並以群組功能進行討論，加入志工行列。

分析 **以在地為主軸，促進世代間交流**

不論哪一個國家，都有因緊急情況而被孤立的社會弱勢者，而社會上也存在想要貢獻一己之力的人，只不過要去哪裡找需要幫助的人，是件困難的事。藉由志工平台的問世，讓人容易找到發揮自己力量的機會，也因此在想行公益的人間擴大了使用人數。

英國在新冠肺炎疫情前，60、70歲的退休族群是志工的主力。不過，新冠肺炎疫情爆發後，年輕人擔任志工的人數增加了，這也是平台使用率成長的原因之一。以在地為主軸的世代交流，從SDGs的觀點來看，今後有望更加擴大。「世代交流」成為全球的關鍵字，雖然看起來與志工議題無關，但在日本「幼老複合設施」，將孩童與高齡者混齡照顧的設施變多了。

發現新商機！

都會區鄰居間的交流薄弱，自己附近住什麼人、家庭狀態如何、需要哪些協助等，應該都不清楚吧？若有志工平台，可以在地圖上先找到自己住的地區進行登錄，就可在新冠肺炎疫情般的非常時期，貢獻一己之力，幫助身邊的弱勢族群。

重點是要具有「遠親不如近鄰」的意識。現今，因新冠肺炎疫情，萌生出互助精神，正好可以重新建構都會區在地的人際關係，針對未來會增加的外出困難高齡者，彼此團結、互助合作，不僅是在非常時期，而是日常就能協助。若是等到後疫情時代，互助精神減弱了才來規畫就太遲了。

事實上，宅居時間增加，有空閒時間的人增多，較易萌生為鄰里盡一己之力的意識，現在正是團結建立機制的好時機。針對排斥無償奉獻的人，建立有給制志工平台，也是一個想法。高齡者支付低額負擔就能解決困境，而志工也能獲得少許報酬，可以建立雙贏的關係。報酬部分，也可以由行政機關

前言
疫後贏家的
獲利模式大全

第1章
「超距離」商機

第2章
「超購物」商機

第3章
「超娛樂」商機

第4章
「超奢華」商機

第5章
「超資訊」商機

第6章
「超企業」商機

第7章
「超地域」商機

後記
兩極的繁榮
懂得
適應變化的人

參考資料

以補助金負擔，或考慮讓健康的高齡者，來作為有給制志工。該如何解決高齡者的四大痛苦——收入、健康、孤獨感和失去存在意義，成為現今高齡社會的一大議題，建立平台或許可以成為解決方法之一。

此外，這次從英國開始展開的案例，是在平台上登錄後提供弱勢者支援的制度，其實可以進一步發展，例如，將地圖上需要協助的人及內容可視化，輕按按鈕就可以個人為單位來承接，若能有這樣的個別媒合 App，可以更有效率且及時地給予協助，而加速服務的普及。

61

社區藥局兼具交流功能

疫情前

透過販售藥品
維持居民健康

疫情後

藥局成為地區
交流的中樞

先驅案例

中國

前言 醫升疫後贏家的 獲利模式大全

第1章 「超距離」商機

第2章 「超購物」商機

第3章 「超娛樂」商機

第4章 「超奢華」商機

第5章 「超資訊」商機

第6章 「超企業」商機

第7章 「超地域」商機

後記 高槓桿給懂得 適應變化的人

參考資料

（現象）**地區藥局建立的群組聊天，受到歡迎**

在中國，在口罩開始缺貨的 2020 年 1 月下旬，某地區的藥局在通訊軟體微信上建立了「朋友圈」群聊。除了分享口罩進貨狀況、消毒水的使用方法等資訊，也有地區居民會針對藥局排隊方法和預約制等留言建議，進行熱烈討論，對於居民保留商品等要求，也能彈性應對，且疫情狀況緩和後，由於參加的人數仍超過兩百人，所以藥局持續分享優惠情報、健康資訊，通知中藥工作坊的舉辦時間等，對於居民的問題也會隨時回覆。據推測，參加者都是住在藥局附近的居民，也有不會打字的高齡者以語音訊息的方式參與聊天。年輕人會針對高齡者的疑問和要求給予答覆，至於外國居民，則由會英文的居民負責回覆等，以隨機應變的方式展開溝通。

（分析）**因新冠肺炎疫情，社區交流變活絡**

新冠肺炎疫情導致人與人的交流受限，造成獨居高齡者孤立的情形變多了。不過，因為有「朋友圈」，住在附近的人中總是有人在傳訊息，且也有人會回覆自己的訊息，讓人感覺不再那麼孤獨。「藥局」的消費層廣且採社區型的商業模式，透過藥局建立群聊，讓男女老少都來參與，便可作為地區居民交換情報、互助的場所而發揮功能。

發現新商機！

　　日本也有觀察到社區型的藥局，代替醫院或診所回答居民的健康問題，協助自我藥療等。作為這些活動的下一步，由藥局來建立群聊，扮演促進地區居民交流的橋梁，會是個可行的辦法。

　　不只是藥局，還可由顧客年齡層廣的超市及超商等建立群聊，作為社區的核心來促進交流。超市及超商因線上購物加速普及而被懷疑是否具有存在意義，在這個情況下，選擇在地化深耕會是不被淘汰的關鍵。例如，以北海道為中心經營超商事業的 Seicomart 超商，就因為實踐了提供地區所需要的商品及服務而深受肯定，再加上若能具備溝通的功能，以此貢獻地方的話，就能成為在地獨一無二的存在。

62

支持在地商家，
不再只買大型電商

疫情前

什麼都在便利的
亞馬遜買

疫情後

支援在地零售店的
電商網站

先驅案例

西班牙　德國

現象 取代大型電商，支持在地小店

　　讓消費者放棄在電商龍頭亞馬遜下單，轉向跟當地的商店購買，以此振興當地經濟的電商平台在各國紛紛成立。在西班牙的「Slow Shopping」網站上，選擇自己的居住區域後，畫面就會顯示該區域加入此項服務的在地商店一覽表。商店類型五花八門，有藥局、雜貨店、電器行、書店、蔬果店及麵包店等。網站系統讓沒有經營網路商店的商家，也可以加入用電話或郵件接單，將商品在 24 小時至 48 小時內送達。

　　另一方面，德國慕尼黑也以男仕西服店 Hirmer、運動用品店 Schuster 書店、Hugendubel、廚具店 Kustermann、寢具店 Bettenrid 五家老店為中心，架設了電商平台，介紹當地企業及小店，鼓勵消費者消費。

分析 強調感情連結，而不是便利

　　以購物來說，人們對具有方便性和全面性的亞馬遜依賴度增加，導致在地零售店的顧客被搶走的情況加劇。不過，當新冠肺炎疫情發生，大部分的市民都受到新冠肺炎某種程度的影響時，卻興起想拯救互動性高的當地商店精神，因此即時開設可一覽當地零售店的電商平台，開始進入的人們生活。在禁止外出的期間，即便實體店鋪無法營

前言
提升疫後贏家的
獲利模式大全

第1章
「超距離」商機

第2章
「超購物」商機

第3章
「超娛樂」商機

第4章
「超奢華」商機

第5章
「超資訊」商機

第6章
「超企業」商機

第7章
「超地域」商機

後記
商機是留給
適應變化的人

參考資料

業，消費者只要透過電商平台就能購買，因此也鼓勵了零售店端的登錄。

知道販售者長相的安心感和想守護在地商店的心情萌芽，讓購物時比起方便性，更注重「交情」的消費者增加，是現象背後的原因。

發現新商機！

日本發生新冠肺炎疫情時，也有出現部分零售店開始架設網路商店、以商店街為單位開設網路商城。然而，分散運作難以提高知名度，很難有效地集客及提高營收，若能像西班牙或德國的案例一樣，架設大範圍區域及全國商店的入口網站，只要輸入郵遞區號，就能顯示當地商店的一覽表，建立這樣的系統，就能創造上入口網站購買在地商店的產品的趨勢。

當地區域的店家，具有可以節省運費和運送的時間的優勢，成為對人及環境都友善的電商服務。對高齡者來說，已經相當熟悉店內放了哪些商品的在地零售店，比較容易從網上或電話下單，對於因為疫情想減少外出時，這種在地的電商服務，可以扮演救生圈的角色。建構結合方便性與在地消費的「在地版亞馬遜」，有助活化地區經濟及照顧高齡者，是一石二鳥的措施。

63 定期配送蔬菜箱，自產自銷盛況空前

（疫情前）

在零售店購買蔬菜水果

（疫情後）

農民定期配送，
地產地銷

先驅案例 ┈┈┈┈┈

美國　　法國

第1章　「超距離」商機

第2章　「超購物」商機

第3章　「超娛樂」商機

第4章　「超奢華」商機

第5章　「超資訊」商機

第6章　「超企業」商機

第7章　「超地域」商機

後記　商機過貿給懂得適應變化的人

參考資料

現象　地產地銷平台盛況空前

在美國，支援在地農民、購買在地蔬果的「社區支持型農業」（Community Supported Agriculture, CSA）系統，再次受到矚目。只要消費者先預付一年份的費用後，農民就會將蔬果箱定期配送到府，以這樣的訂閱制，援助收入易受天候和產量影響的農民。

疫情期間，將 CSA 蔬果箱直接放在店裡銷售的咖啡廳和餐廳增加，為了援助餐飲店而購買的人也增加了。不用加入會員也可以 30 ～ 60 美元的價格購買單箱，或用試吃價購買剛採收的新鮮蔬菜及稀奇蔬菜，而大獲好評。未來，預計成為年費會員的人會逐漸增加。

在法國，當政府發表因疫情關係，戶外農民市集也必須要休市的消息後，當時的經濟財政部長布魯諾·勒梅爾（Bruno Le Maire）便呼籲國民購買國產農產品，以守護國內的農業相關人員。在這樣的背景下，由地方政府及農會等主導營運的地產地銷平台，變得盛況空前。這是一個在網路上媒合生產者與消費者，讓兩者直接交易的制度。

分析　對生產者、消費者、環境，全都有利

封城造成農產品出貨對象的餐飲店停止營業，農產品相關人士失去了一個收入來源。作為一項可確保農業生產

者的收入，並滿足消費者對食安的渴望及想援助農民的心意，且藉由地產地銷對環境也友善的多效措施，從以前就在運作的產地直銷及新成立的平台應用變得更寬廣了。特別在法國，對於過去以農民市集為主要市場的生產者和消費者雙方來說，是很可靠的方法。

發現新商機！

　　日本雖然在全國設置農民的直販所，作為直接銷售農產品的管道，但是農民卻沒有因此獲得穩定的年收入。若是能打造依季節生產不同的穀物及蔬菜、水果的農民和消費者簽訂個別的年約，定期將新鮮食材宅配到府的服務，對生產者、消費者都有好處。如果像法國一樣讓消費者可以挑選生產者的話，地產地銷的齒輪也會較容易開始運轉。

　　日本的年輕人之間流行著各種訂閱制服務，例如繪畫的訂閱制服務「Casie」、香水的訂閱制服務「COLORIA」等，所以蔬果的訂閱制服務受到歡迎的可能性很高。可考慮先讓消費者試用性質地購買看看，喜歡的話再訂立年費契約的平台商業模式。

64

多付一人份，幫助弱勢

疫情前

捐款給慈善團體
救濟貧困

疫情後

支付「兩人份」費用
幫助需要者

先驅案例

義大利

現象 義大利人「多付一人份」的善心

在義大利拿坡里，傳統上就有「代用咖啡」（將咖啡留待給需要者之意）的習慣。在咖啡廳喝咖啡的時候，經濟上有餘裕的人會支付兩人份的費用，其中一人份是為了喝不起咖啡的人所預付的。「地產地銷聯盟」（Coldiretti）將這個想法發揚光大，推行了「待用購物金」制度。地產地銷聯盟是一個提倡「直接跟生產者購買」概念的團體，會在特定的日子舉辦市集，推廣讓加入團體的農民將農產品直接賣給消費者。在活動中，消費者除了支付自己的購物費用，也會額外捐贈購物金給無法採買必需品的人，另外生產者也會捐贈農產品。以這些為營運資本，共幫助弱勢者得到了 9,600 公斤的新鮮蔬果、起司等食材，位在羅馬的兒童醫院的病童家庭也獲贈了 2,000 公斤食材。

分析 以農產品來實踐，社會奉獻的制度

因為拿坡里本來就有多捐獻一人份費用的精神，所以當這個精神擴展到購物時，很自然地就獲得眾人的支持。不是簡單地捐贈金錢，而是讓素昧平生的第三人也能同時擁有和捐贈者相同的體驗，感受獲得蔬果等物資的快樂，溫暖貼心的活動讓人感到共鳴，引起廣大迴響。

前言
實升疫後贏家的
獲利模式大全

第1章
「超距離」商機

第2章
「超隔物」商機

第3章
「超娛樂」商機

第4章
「超奢華」商機

第5章
「超資訊」商機

第6章
「超企業」商機

第7章
「超地域」商機

後記
商機是留給追得得
適應變化的人

參考資料

發現新商機！

手頭寬裕的人，除了自己的部分，再多支付一人份的費用，讓任何因生計困難而無法消費的人都可以享用的制度，感覺也可以在各類商店施行，如餐飲店、零售店。例如，在披薩店有買一送一的活動，把送一的部分留給他人享用等。需要制定好接受愛心者的條件及個資的處理方式，但只要有地方政府、社區團體、飲食連鎖店等導入，就能成為救助弱勢的安全網之一。

日本疫情期間，單親媽媽的經濟問題特別受到社會關注。在日本要解雇正職員工不是件容易的事，因此都先從打工、約聘、派遣等員工開始裁員，造成這些工作性質的單身媽媽受到嚴重影響。以摔角漫畫《虎面人》的主角「伊達直人」的名義捐贈物資的「虎面人運動」在各地同時發起，從獲得響應的程度也可以看出，幫助面臨生活困境的個人和家庭的善心，是大多數人的共同意識。讓特意多支付一人份、對弱勢者伸出援手的制度扎根。

65

限制群聚，
窗邊交流開始流行

疊情前

在朋友家聚會
瘋狂打電動

疫情後

以有趣的散步來
溝通交流

先驅案例

丹麥　　美國　　英國

前言 看升疫後贏家的 獲利模式大全

第1章 「超距離」商機

第2章 「超購物」商機

第3章 「超娛樂」商機

第4章 「超看筆」商機

第5章 「超資訊」商機

第6章 「超企業」商機

第7章 「超地域」商機

後記 商機這個給情勢 適所變化的人

參考資料

現象 街窗成為地區居民交流的場所

世界各國的托兒所、幼稚園、學校都停課，孩童們被迫過著居家見不到朋友的生活。在這樣的情況下，各地開始流行在街窗上擺放泰迪熊玩偶的活動。社群軟體上的主題標籤是「GoingOnABearHunt」（來找泰迪熊）。在避免群聚、保持社交距離的原則下，鼓勵人們外出走動的丹麥，邊在住宅區散步，邊蒐集每一家窗邊的「泰迪熊」，變成親子共享的娛樂活動。

還在臉書上依地區成立了「泰迪熊挑戰」社團，此舉促進了地區居民間的交流，且活動還跨越了國境，拓展到了美國及英國。

分析 真實交流與羈絆的再建構

在人與人見面受到限制的狀況下，將從街道可以欣賞的窗邊變成「交流的場所」，是這項活動成功的關鍵。散步能改善宅居運動不足問題，孩童也可像玩遊戲般地「來找泰迪熊」，且有助親子及地區居民的交流，好處多多。除了臉書，在 Instagram 上也看得到 2 萬 2,000 則以上的發文，上傳抖音（TikTok）的情形也很踴躍。

發現新商機！

　　當出遠門變得困難，促使人們開始思索家族及親子就近找樂趣的方法。在日本，疫情期間任天堂的《動森》大受歡迎，網飛等影音串流服務的使用者也暴增，居家型娛樂的選擇變多了。另一方面，卡拉 OK 和電子遊樂場等外出娛樂的行程，卻因疫情蔓延導致消費者難以上門消費，放眼全球外出的休閒娛樂一下子全都萎縮了。像歐美一樣設法讓陌生人、父母和孩子大家都開心的創意發想，值得借鏡。

　　社區及鄰里組織也都在摸索各種企畫，像「來找泰迪熊」這樣的結合在附近散步、與定向運動般的小遊戲元素的挑戰，會是一項選擇。地區彼此合作，也有助於打造出具有一體感的團體。

夜間活動需求增加，
新夜生活景點夯

疫情前

在俱樂部及酒吧
邊喝邊聊

疫情後

在恐龍博物館
住一晚的新體驗

先驅案例

中國

現象 夜間活動的需求增加

中國受到新冠疫情的影響，各種設施入場者驟減，為了找回人潮而苦思方案。令人眼睛為之一亮的是，為了吸引當地及鄰近地區的入場者，所規畫的夜間活動變多。

會員達 7 億人，在網路上銷售旅遊相關商品的阿里巴巴集團「飛豬旅行」（Fliggy），平台上享受夜生活的夜間旅遊商品數量增加，且消費者一半以上都是 1990 年代後出生的年輕人。也就是說，對於開拓年輕族群來說，也具有效果。瞄準這項需求，萬豪酒店集團、香格里拉酒店和度假村、上海蘇寧寶麗嘉酒店等高級飯店，也都紛紛開始規畫豐富的派對、酒吧的飲料暢飲、健身活動等，可滿足夜晚都會人娛樂需求的活動節目。

另一方面，博物館及主題公園也增設夜間時段。上海海昌海洋公園、廣東省珠海的長隆海洋王國，以及北京、上海、武漢的博物館等，都開始銷售星光票，頗具有人氣。例如，武漢自然歷史博物館就舉辦了讓親子在館內搭帳篷住宿的旅遊活動。

分析 提供非日常感與豐富話題性

為了找回人潮，各設施不斷摸索鎖定夜晚的新體驗的內容。特別是高級飯店推出的夜間健身及自然歷史博物館

前言
晉升疫後贏家的
獲利模式大全

第1章
「超距離」商機

第2章
「超購物」商機

第3章
「超娛樂」商機

第4章
「超奢華」商機

第5章
「超資訊」商機

第6章
「超企業」商機

第7章
「超地域」商機

後記
商機是留給懂得
適應變化的人

參考資料

的住宿之旅，因具有新鮮感，吸引了追求刺激體驗的都會人踴躍造訪。

夜間活動之所以會受到年輕人和親子的歡迎，是因為能享受非日常的體驗。因新冠肺炎疫情警戒，對日常生活感到厭倦的人變多了。在這樣的狀況下，夜晚造訪博物館及主題公園的特殊體驗，對很多人來說形成了感官的刺激。

此外，新增夜間時段帶來的話題擴散效果，也是疫情中能夠吸客的理由之一。對年輕族群來說，夜間活動代替停業的夜店或酒吧成為新景點，而獲得支持。

發現新商機！

日本也是一樣，飯店及其他設施提供夜間活動，可以成為喚起新需求、找回人潮的突破口。倘若能讓民眾輕鬆參與，便可促進鄰近地區的居民回流，重點是，要提出前所未有的方案。例如，在展出恐龍展的博物館裡，感受太古時代氛圍的帳篷住宿體驗，就是一場模擬跨越時空的星空之旅，可以成為人氣企畫。對於想要將過去無法帶來收益的夜間帶來收益，這會是有效的措施。

67 結合地方資訊，貢獻型商店開始普及

疫情前

潮牌店是賣
新商品的地方

疫情後

潮牌店是地區合作及
社會貢獻的基地

先驅案例

中國

前言
醫升疫後贏家的
獲利模式大全

第1章
「超距離」商機

第2章
「超購物」商機

第3章
「超娛樂」商機

第4章
「超審查」商機

第5章
「超資訊」商機

第6章
「超企業」商機

第7章
「超地域」商機

後記
商機位商格懂得
適應變化的人

參考資料

現象 「**Nike Rise**」新概念

2020 年 7 月，Nike 在中國廣州開的新門市「Nike Guangzhou」，掀起了討論話題。這家店導入了未來 Nike 要在全球推廣的新概念「Nike Rise」。商店本身會成為都市裡的運動愛好者的基地和地區產生密切的連結，不只銷售商品而已，也會提供新的體驗。店內透過 App 等提供數位化轉型體驗，也提供地區的運動活動等資訊，扮演連結消費者和地區運動的橋梁，也和地區的運動選手、專家、網紅等合作，在店內舉辦各類活動及工作坊等。Nike 計畫將「Nike Rise」的概念推廣至世界各地。

此外，在美國有一款名為「Black and Mobile」的外送 App，將餐廳限制在黑人經營的餐廳，話題性十足。市面上已經出了很多款外送 App，但是將餐廳限制在黑人餐廳的 App 卻很稀奇。透過支持黑人老闆經營的餐廳，可以增加黑人的工作機會，推廣他們的飲食文化等，能做出多重貢獻。

分析 促進在地運動的活化

在「Nike Guangzhou」店內，可享受數位技術帶來的先進體驗，例如「Nike Fit」功能，利用 App 的 AR 功能正確測量腳的尺寸，幫助顧客找到適合的商品。再加上去

店裡可獲得在地球隊比賽的消息，能和地方上的選手及專家交流。**運動運品店將成為地區的核心基地，促進在地運動的活化**，過去未曾有過的形態，將以中國為首站推廣至全世界。

另一方面，對於「Black and Mobile」在發生「黑人命貴」（Black Lives Matte, BLM）平權運動、黑人的人權問題成為社會關注的焦點後，不僅是聲援，更積極提供支援的態度，讓民眾產生了共鳴，擴大了響應。

發現新商機！

地方上的體育團體，缺乏加深橫向連結的機會，選手彼此、選手與專家、網紅交流的機制也很少見。讓運動用品店成為核心基地，肩負起這項任務，對於地方上的運動愛好者來說，有助於多認識素昧平生的同好、提升自身的熱情動力等，對於商店（廠商）來說，也會成為推動體育振興及圈粉行銷的原動力。

最大的重點是，Nike 看到了在地連結的重要性。以往只重視全球化的企業，注意到因為新冠肺炎疫情，人們對於地方的愛，以及為在地加油的情緒高漲。像 Nike 這樣的大企業成為聯繫地方上在地球隊與粉絲的橋梁，有助建立起穩定的情感、品牌與生活者之間的牢固關係。其他業界也可以參考 Nike 的作為，讓品牌旗艦店成為中心主導，不限於體育方面，肩負起在地的核心基地的任務，會是有效的策略。

前言
膏升疫後贏家的
獲利模式大全

第1章
「超距離」商機

第2章
「超購物」商機

第3章
「超娛樂」商機

第4章
「超奢華」商機

第5章
「超資訊」商機

第6章
「超企業」商機

第7章
「超地域」商機

後記
商機是留給懂得
適應變化的人

參考資料

　　另一方面，支持黑人經營的餐廳的 App 的想法，也可以運用到其他的少數派上。當地的外國人也很需要協助，似乎也有針對特定的國家或文化的餐飲外送 App 的需求。

68 維持社交距離，私人花園盛行

疫情前

去公園裡喜歡的區域

疫情後

只能待在公園裡自己
分配到的區塊中

先驅案例 ⋯⋯⋯⋯

香港

前言　蕾升度後贏家的獲利模式大全

第1章　「超距離」商機

第2章　「超購物」商機

第3章　「超娛樂」商機

第4章　「超奢華」商機

第5章　「超資訊」商機

第6章　「超企業」商機

第7章　「超地域」商機

後記　商機飼給懂得適應變化的人

參考資料

（現象）　**香港首創私人花園**

公園原本是一個可輕鬆使用、遊憩徜徉的公共空間，但在疫情中要求保持社交距離的氛圍高漲。為了回應社會的需求，香港的公園「The Grounds」開始一項新措施，每晚在園區內圍上圍欄區劃出 100 個「私人花園」，必須先在網路上預約才能使用公園空間的新形式。在私人花園內設置有桌椅及照明燈光，讓民眾可以悠閒放鬆。

園區內還設置了大型螢幕及最新的音響設備、高科技舞台，可以邊享受電影、音樂等影音娛樂，邊享受一旁美食廣場提供的各式餐點、甜點及酒類等。以手機點餐後，店員就會將餐點送來，民眾不會離開柵欄亂跑，可以確保社交距離也是魅力之一。

（分析）　**讓人安全使用公共設施**

雖然想在公園等公共空間和家人或朋友共度快樂的時光，但因人多難以保持距離所以躊躇不前的人，大有人在。為了滿足這些民眾的需求，香港人想到兼具娛樂與安全的措施，就是提供私人花園空間。要使用私人花園時，必須事先預約及填寫健康聲明，還須在入口處測量體溫、戴口罩、用手機點餐讓專人送餐、各私人花園相距 1.5 公尺等，導入了各項確保安全的規定，讓人可以放心地使用

公共空間，是促使民眾踴躍使用私人花園的原因。

發現新商機！

　　日本像是日比谷公園等，雖然有舉辦各樣活動，但沒有看到像香港這樣設置固定區隔開的小空間，每晚播放電影等影音娛樂，讓家人朋友可以一同享受公共空間的例子。在戶外設置顧及衛生安全的空間，開放給市民使用，收費提供電影及餐飲的措施，在還看不到終點的疫情期間，可說是有意義的措施。等到疫情結束後，在具有開放感的公園讓私人花園常態化，每晚都舉辦活動，將公園作為飲食空間來活用，可以成為公園的新使用方式。

69 新都市設計，公園和綠地需求增

疊情前

注重車輛移動的
都市構造

疊情後

以「人的走動」為主軸
都市再建構

先驅案例 ......

美國　瑞典

現象　走路 10 分鐘內有公園或綠地

　　由於避免疫情擴大的需求，人們被迫將生活圈限制在居家附近，環境需求因而浮上檯面，必須要讓民眾在可以走得到的地方就能解決所有生活所需。

　　在美國，人們因居家導致運動不足或身心失調的問題，在這樣的背景下擬定了一項計畫，要讓全體國民在走路 10 分鐘以內的距離，就可以抵達安全且優質的公園等綠地。這項計畫是由非營利團體「公有土地信託基金會」（The Trust for Public Land）所制定，名為「10 分鐘步行」（10-Minute Walk）的計畫。以 2050 年為目標，不論都市大小皆須整備舊有公園綠地或蓋新的公園。在舊金山為了讓民眾運動時可以保持社交距離，已經將廢棄的高爾夫球場改建成公有綠地。

　　另一頭的瑞典，則是成立了「15 分鐘都市計畫」。因為新冠肺炎疫情封城，住在全球各都市或地區的居民的活動範圍都限縮，不再像過去是以「車輛」移動為前提，而提出以「人」為中心的新都市願景。概念是讓民眾在從自家走路或騎自行車 15 分鐘的範圍內，就能滿足日常所有需求，將都市及地區分割，調整各個區塊的功能。巴黎及巴塞隆納等都市都有在試辦，瑞典則是摸索在全國推行的可行之道。

前言
賺升疫後贏家的
獲利模式大全

第1章
「超距離」商機

第2章
「超購物」商機

第3章
「超娛樂」商機

第4章
「超奢華」商機

第5章
「超資訊」商機

第6章
「超企業」商機

第7章
「超地域」商機

後記
商機是留給備得
適應變化的人

參考資料

(分析) 從以車為重，到以人為本的社會

過去，歐美都市計畫的重點，都是以車輛移動為前提，在比起人的走動更重視車輛移動的方針下，進行各項都市機能的整備。但在這次疫情期間，連車輛移動都變得困難，都市的設計應該建構在不坐車移動，人也能生存的原則上，以「人的走動」為主軸重新建構的時刻到了。

發現新商機！

全球重新審視在地的環境與機能的動向很明顯，這樣的活動遲早會在各地展開。活動的焦點，是整備全體民眾步行使用各項都市機能的環境。今後在面臨重新檢討都市計畫、或規畫新的計畫之際，會轉而重視這樣的「人的走動」的觀點，蒐集率先導入的瑞典、巴黎及巴塞隆納的情報並分析，根據這些報告向地方政府提出建言的顧問業等，會發現商機的種子。

後記
商機是留給懂得適應變化的人

疫後消費回溫，歐美率先展開「報復性消費」

　　新冠肺炎疫情病毒肆虐下，在靠「忍耐」二字屏息以待時，世界各國已紛紛進行各種商業挑戰，這在前言已經敘述過了。至於疫情期間，各國究竟展開了哪些商業措施，也花了整本書的篇幅來介紹。

　　以日本為例，日本在疫苗接種速度上也大幅落後各國，這也是眾所皆知的事實。寫這篇後記的當下是 2021 年 6 月，在多數國民皆已接種完畢的美國、英國及法國，人們不戴口罩地在餐廳和咖啡廳聚會，邊享用餐點邊談笑風生的影像，在新聞上播出。就像要補回因疫情而損失掉的時間一樣，「報復性消費」在疫苗先接種完成的都市上演。

　　儘管如此，日本雖然落後各國，卻也在加快疫苗接種速度。照這樣下去，等到大部分的國民都接種了疫苗，能達到群體免疫的話，不難想像在日本也會興起報復性消費的浪潮，各領域的市場都會急速復甦。跟歐美相比，日本的求職錄取率並未發生大幅下滑的現象，對國民的荷包的

前言　晉升疫後贏家的獲利模式大全

第1章　「超距離」商機

第2章　「超購物」商機

第3章　「超娛樂」商機

第4章　「超奢華」商機

第5章　「超資訊」商機

第6章　「超企業」商機

第7章　「超地域」商機

後記　商機是留給懂得適應變化的人

參考資料

打擊，比他國來得小。所以報復性消費造成的反彈，甚至可能比海外更明顯且瘋狂。

　　然而，當消費回溫時，有一個現象必須要注意。那就是後疫情時代的企業或商業模式，可以分成三種結局。

因疫情而進化的商業模式，將成常態發展

　　第一種結局，是和疫情前從事相同生意，事業起死回生，消費者就像是「等太久了」般，人潮回流恢復以往的盛況。以前就很難訂位的老字號餐飲店、人氣很高的主題公園等，都是很好的例子。

　　另一種結局，就是雖然遇上疫情，卻仍為了鼓勵消費而絞盡腦汁催生出來的商品或服務，就這樣變成標準款持續熱賣的例子。例如「不掉色口紅」。聚餐拿下口罩時，沒有沾染到口罩上依然持色的口紅，在口罩生活中大受歡迎。尤其是在年輕女性之間，口紅「不掉色」已然是基本配備，甚至若不具備不掉色的功能就「不買」，是她們的心聲。

　　也就是說，當進化後的便利性變成基本配備時，消費者的心不會因為疫情結束而回到從前。倘若誤判情勢，後疫情時代還回頭去銷售舊式掉色口紅的人，等在前方的，只有不被消費者青睞的悲劇。

　　另一方面，電子商務也因為疫情而完全融入消費者的

生活，可以說零售業一口氣進化了。忽視這個變化去期待後疫情時代的消費，例如百貨公司和以前一樣，以彩妝專櫃般的面對面銷售方式去等待客人上門的話，會陷入來客數不如預期的窘境。嘗到電商便利性甜頭的消費者，會繼續以線上為主消費，在國內的電商平台上購買，甚至有可能透過社群軟體，購買韓國美妝品牌。

如同因疫情警戒限制遠距離移動，生活被限制在住家附近時，可作為居家服又可作為出門到附近穿著的服裝而大熱賣的「One-Mile Wear」，因服飾品牌 GU 等大力宣傳而博得人氣。由於具備輕鬆舒適的穿著感，就算到後疫情時代，依然會受到消費者喜愛，十分有可能成為固定的熱賣款。

在其他產業，也有許多因為疫情而進化的商品或服務，在那些商品或服務當中，什麼會留下來？什麼會消失？在思考消費者心理時，值得我們慎重思量。

不可輕忽疫情期間消費者的心理變化

最後一種結局，就是即使消費回溫也無法起死回生，就這樣消失的商業模式。不只是商品，還有餐飲店、零售店及娛樂產業等，在疫情前都很順利地吸引顧客上門，但到了後疫情時代，卻會有因顧客不回流而沉沒滅頂的情形發生。事實上，這種情形會非常多。這是由於疫情造成消

前言
疫後贏家的
獲利模式大全

第1章
「超距離」商機

第2章
「超購物」商機

第3章
「超娛樂」商機

第4章
「超奢華」商機

第5章
「超資訊」商機

第6章
「超企業」商機

第7章
「超地域」商機

後記
商機是留給懂得
適應變化的人

參考資料

費者長期被迫過著非常態的生活，在這情況下，消費者的心理和以前相比，產生了一百八十度大轉變的緣故。

舉個例子來說明，本書第 4 章中有提到，「奢華」的概念改變了。以往一味地購買高價、閃耀華麗的「商品」，享受頂級「服務」，是大部分人腦海裡奢華的定義。

然而，因為疫情的關係，人們的想法發生了劇烈的改變，發現和重要的家人、朋友享受生活，一起動手栽種或飼養的「時間」才是真正的奢華，並且認為「客製的商品及服務」才具有頂級的價值，也就是說，奢華的概念從「高價的商品或服務」，升級成「時間」及「客製化的事物」。

光看這些例子就知道，如果還是和疫情前一樣，單純提供高價華麗的奢侈品商業模式，不論是餐飲、零售或飯店的服務，都會面臨消費者不買單的風險。而且實際上，這樣的例子會有增無減，若輕忽疫情期間消費者的變化，當作是「沒有什麼了不起，沒多久就會恢復原狀」，可能意外地會遭到消費者的逆襲。

從先驅案例找到轉型靈感，養成觀察習慣

究竟該怎麼做才好？解答就在本書介紹過的海外案例中。將因疫情而「進化」的 69 個商業模式，再次重新細細研讀，配合後疫情時代的消費者心理和自己公司的狀

況，挑選出可以作為參考的案例。當然，將海外案例原封不動地在國內施展是沒有意義的。我想不用多說大家也明白，**必須要發揮多年累積的經驗及技巧，將案例調整成適合國內市場和消費者的形式再去推展。**

只不過困難的是，該如何去解讀後疫情時代的消費者心理。最好的方法是思考前言提過的「擁有年輕人及全球化的觀點」。

就像歷史告訴我們的道理，全球曾發生過的消費者心理變化，變成常態的可能性很高。透過社群軟體等盡快掌握海外的變化，作為早期使用者讓海外的變化在國內擴散，是敏感度高的國內年輕人的特徵。

如果擅長英語等外文，可以持續追蹤海外的動向的話，就應該持續關注。沒有這樣技能的話，可以常蒐集情報，觀察國內年輕人間流行的商品與服務、想法及娛樂等，用自己的方式去分析為什麼會流行？年輕人在想些什麼？培養這個意識變成習慣後，就一定能看出後疫情時代的消費者心理。

在疫苗接種情況領先的歐美各國，進到後疫情時代的新商業模式一定會如雨後春筍般出現。率先掌握這些海外資訊，結合本書介紹過的案例，去思考升級版的模式極為重要。

希望讀者能以本書為一個契機，培養隨時接收全球趨勢及商業動向的意識，從此處獲得靈感來改善自己公司的

業務，使其進化、進而拓展未來的可能性，我們由衷地盼望能夠產生這樣的良性循環。

前言
營升疫後贏家的
獲利模式大全

「超距離」商機 第1章

「超購物」商機 第2章

「超娛樂」商機 第3章

「超奢華」商機 第4章

「超資訊」商機 第5章

「超企業」商機 第6章

「超地域」商機 第7章

後記
商機是留給懂得
適應變化的人

參考資料

參考資料

第 1 章

01.

https://www.engadget.com/facebook-infinite-office-181634992.htm

https://meetinvr.atlassian.net/servicedesk/customer/portal/2/topic/
e62e0f02-0d94-4e5e-88c7-cb0523b688b9/article/571604999

https://www.oculus.com/

02.

https://zoomer.love/

https://hinge.co/

https://quarantinechat.com/

https://dialup.com/

03.

https://eternify.es/

04.

https://sensortower.com/ios/gb/life-on-air-inc/app/
houseparty/1065781769/overview?locale=ja

05.

https://www.namibox.com/

https://www.chandashi.com/android/downloadandincome/
appId/233336/market/vivo/country/

前言
看升疫後贏家的
獲利模式大全

第
1
章
超距離商機

第
2
章
「超購物」商機

第
3
章
超娛樂」商機

第
4
章
「超奢華」商機

第
5
章
「超資訊」商機

第
6
章
「超企業」商機

第
7
章
「超地域」商機

後記
商機是留給懂得
適應變化的人

參考資料

06.

https://www.mirror.co/

https://shop.lululemon.com/story/mirror-home-gym

https://www.onepeloton.com/

https://smartmirror.geeklabs.co.jp/#smartmirror

07.

https://www.longleat.co.uk/news/longleat-virtual-safari-series

https://www.thailandtravel.or.jp/3d-virtual-2/

https://www.tourismthailand.org/Articles/virtual-tours

08.

https://www.alodokter.com/jangan-termakan-isu-ini-fakta-penting-vaksincovid-19

https://careclix.com/

第 2 章

09.

https://weibo.com/p/1006067441046380/home?is_all=1#_loginLayer_1611909654561

https://www.kroger.com/

https://www.caper.ai/

https://www.kroger.com/i/ways-to-shop/krogo

https://ubamarket.com/

10.

https://wing.com/how-it-works/

https://blog.wing.com/2020/12/hindsight-is-2020-five-lessons-from.html

11.

https://www.freshhema.com/

https://www.ebrun.com/20201229/416744.shtml?eb=com_chan_lcol_fylb

https://ir.kuaishou.com/news-releases/news-release-details/kuaishoutechnology-announces-details-proposed-listing-main-0

https://note.com/kauche/n/n5ce0f7752115

12.

https://shop.lululemon.com/story/mirror-home-gym

https://www.cnbc.com/2020/06/29/lululemon-to-acquire-at-home-fitnesscompany-mirror-for-500-million.html

13.

https://www.nuorder.com/retailers/

https://www.thestorefront.com/

14.

https://www.zillow.com/

https://www.redfin.com/news/redfinnow-expands-to-palm-springs/

https://www.redfin.com/news/real-estate-agents-post-virtual-tours-toredfin/

https://www.cnbc.com/2020/03/30/coronavirus-fallout-virtual-and-solohome-touring-soars.html

https://www.zenplace.com/

https://itsudemo-n.jp/

前言 醫升疫後贏家的獨利模式大全

第1章 超距離商機

第2章 「超購物」商機

第3章 「超娛樂」商機

第4章 「超奢華」商機

第5章 「超資訊」商機

第6章 「超企業」商機

第7章 「超地域」商機

後記 商機是留給懂得適應變化的人

參考資料

15.

https://www.voguebusiness.com/consumers/the-rise-of-squad-shoppingonline-with-friends

16.

https://www.my-jewellery.com/en/

https://delingerieboetiek.nl/

https://uk.westfield.com/stratfordcity/personal-shopping-at-westfieldstratford

17.

https://whirli.com/

第 3 章

18.

https://www.schauspiel-leipzig.de

19.

https://www.bbc.co.uk/mediacentre/latestnews/2020/talking-heads

20.

http://vent-tokyo.net/schedule/united-we-stream/

21.

https://www.eventsonline.dk

22.

https://www.facebook.com/pg/virtualrun.dk/posts/

https://www.marathon.tokyo/en/events/rttm/

24.

https://www.ticketmelon.com/whattheduckmusic/online-music-festival-tophits-

thailand

https://www.bangkokpost.com/life/arts-and-entertainment/1929044/fanfavourites

https://spaceshowermusic.com/news/111768/

25.

https://www.insider.com/paris-cinema-on-water-floating-movie-theaterboats-2020-7

https://www.timeout.com/news/paris-is-hosting-a-floating-movie-nightwhere-everyone-sits-in-boats-070720

https://news.nicovideo.jp/watch/nw7744803

26.

https://deadline.com/2020/07/charlize-theron-netflix-movie-the-old-guardrecord-viewership-top-10-netflix-movies-1202988858/

https://www.netflixparty.com/

27.

https://www.xbox.com/en-US/promotions/covid-19

https://wired.jp/2020/06/30/animal-crossing-businesses/?utm_source=20200708&utm_medium=email&utm_campaign=wired

28.

https://www.v-market.work/v5/lp

https://www.comic.v-market.work/

30.

https://www.spaceperspective.com/

第 4 章

31.

https://www.cooklikeachef.nl/

34.

https://www.burpee.com/

https://extension.oregonstate.edu/mg

https://gorillas.io/en

35.

https://www.aerogarden.com/

36.

https://weibo.com/mianyangdanshen?is_all=1

https://www.sohu.com/a/423826012_100193102

https://www.youtube.com/results?search_query=%E6%9D%8E%E5%AD%90%E6%9F%92

https://www.youtube.com/channel/UCMWuA3HeWpYUcEpxyjGN3-Q/videos

37.

https://forbesjapan.com/articles/detail/34806/2/1/1

https://noma.dk/

https://poplburger.com/

前言　營升疫後贏家的獲利模式大全

第 1 章　超距離商機

第 2 章　「超購物」商機

第 3 章　「超娛樂」商機

第 4 章　「超奢華」商機

第 5 章　「超資訊」商機

第 6 章　「超企業」商機

第 7 章　「超地域」商機

後記　商機及留給懂得適應變化的人

https://www.dezeen.com/2020/12/18/popl-burger-restaurant-nomaspacon-x-e15/

38.

https://www.brewdog.com/onlinebar

39.

http://montimonaco.de/

https://mailchi.mp/montimonaco.de/monti-monaco-news-dinner-in-the-car

https://www.instagram.com/montimonaco/

40.

https://www.hoshinoresorts.com/information/release/2020/01/80480.html

41.

https://equalparts.com/

https://open.spotify.com/artist/3Pgf1q6g0ci22sQRaYyleV

https://www.overdrive.com/apps/libby/

42.

https://www.dailytelegraph.com.au/entertainment/television/tahneeatkinson-helps-launch-binge-and-the-iconics-new-inactivewear-clothingline/news-story/951dbdfc3cc8c676d9a76d2416ee517e

43.

https://www.thisismoney.co.uk/money/news/article-8414201/Hot-tub-salesrise-1-000-Britons-enjoy-hot-weather.html

前言
普升疫後贏家的
獲利模式大全

第1章
超距離商機

第2章
「超購物」商機

第3章
「超娛樂」商機

第4章
「超奢華」商機

第5章
「超資訊」商機

第6章
「超企業」商機

第7章
「超地域」商機

後記
商機是留給懂得
適應變化的人

參考資料

44.

https://bloomeelife.com/?utm_source=google&utm_
medium=cpc&utm_campaign=search&gclid=EAIaIQobChMI_d3fq
8XK7gIVzq6WCh2GGQHNEAAYASAAEgKdUvD_BwE

https://flowr.is/

46.

https://www.kibbo.com/pricing

第 5 章

47.

https://mp.weixin.qq.com/s/WwQw4KX1F_pMhyrJb6RNJA

48.

https://covid19.unerry.jp/

49.

https://signal.diamond.jp/articles/-/292

50.

https://covidtracker.5lab.co/

https://www.bangkokpost.com/thailand/general/1878415/local-
online-virustracker-a-big-hit

https://covid19.workpointnews.com/

第 6 章

52.

https://melitta-group.com/en/Melitta-starts-production-of-millions-
of-facemasks-3661.html

54.

https://www.statista.com/statistics/1132001/click-and-collect-retail-salesus/

55.

https://www.elmwoodparkzoo.org/giraffeathon/

https://www.facebook.com/EPZoo/

56.

https://bae.dentsutec.co.jp/articles/lifestyle-china/

https://www.jk.cn/hl/detail/6370852

57.

https://www.brandbuffet.in.th/2020/06/grab-loves-thais-project/

https://www.bangkokpost.com/business/1939304/grab-helpsfruit-farmers#:~:text=Grab%20Thailand%2C%20the%20local%20unit,marketing%20head%20of%20Grab%20Thailand.

https://www.thansettakij.com/content/tech/439317

第 7 章

60.

https://www.independentliving.co.uk/advice/covid-19-mutual-aid-uk/

62.

https://www.slowshoppingspain.com/

63.

https://communitysupportedagriculture.org.uk/what-is-csa/types-of-csa/

https://www.localharvest.org/csa/

https://www.7x7.com/csa-box-deliveries-san-francisco-bayarea-2645896933/kendall-jackson-wine-estate-and-gardens

64.

https://es-la.facebook.com/NewNormalPostCovid19/posts/128669132153175/

https://www.coldiretti.it/

65.

https://www.yahoo.com/lifestyle/neighborhood-bear-hunts-occupykids-085822811.html

66.

https://www.alibaba.co.jp/service/fliggy/

67.

https://news.nike.com/news/nike-rise-retail-concept

https://www.blackandmobile.com/

69.

https://www.tpl.org/10minutewalk

Life Style RESEARCHER®

https://www.tenace.co.jp/

翻轉學 翻轉學系列 080

疫後大商機

7 大領域 ×18 國先例 ×69 項嶄新變革的獲利模式大全
アフターコロナのニュービジネス大全

作 者	原田曜平、小祝譽士夫
譯 者	楊孟芳
封 面 設 計	張天薪
內 文 排 版	黃雅芬
責 任 編 輯	袁于善
行 銷 企 劃	黃于庭
出版二部總編輯	林俊安

出 版 者	采實文化事業股份有限公司
業 務 發 行	張世明・林踏欣・林坤蓉・王貞玉
國 際 版 權	王俐雯・林冠妤
印 務 採 購	曾玉霞
會 計 行 政	王雅蕙・李韶婉・簡佩鈺
法 律 顧 問	第一國際法律事務所　余淑杏律師
電 子 信 箱	acme@acmebook.com.tw
采 實 官 網	www.acmebook.com.tw
采 實 臉 書	www.facebook.com/acmebook01

I S B N	978-986-507-723-5
定 價	450 元
初 版 一 刷	2022 年 3 月
劃 撥 帳 號	50148859
劃 撥 戶 名	采實文化事業股份有限公司
	104 台北市中山區南京東路二段 95 號 9 樓
	電話：(02)2511-9798　傳真：(02)2571-3298

國家圖書館出版品預行編目資料

疫後大商機：7 大領域×18 國先例×69 項嶄新變革的獲利模式大全 / 原
田曜平、小祝譽士夫著；楊孟芳譯 . – 台北市：采實文化，2022.3
288 面；14.8×21 公分 . -- (翻轉學系列；80)
譯自：アフターコロナのニュービジネス大全
ISBN 978-986-507-723-5（平裝）

1.CST: 產業發展　2.CST: 市場分析

496.3　　　　　　　　　　　　　　　　　111000591

アフターコロナのニュービジネス大全
AFTER CORONA NO NEW BUSINESS TAIZEN
Copyright © 2021 by Yohei Harada, Yoshio Koiwai
Illustrations © 2021 by Yushi Kobayashi
Original Japanese edition published by Discover 21, Inc., Tokyo, Japan
Traditional Chinese edition copyright ©2022 by ACME Publishing Co., Ltd
This edition published by arrangement with Discover 21, Inc.
All rights reserved.

采實出版集團
ACME PUBLISHING GROUP

有著作權，未經同意不得
重製、轉載、翻印

翻轉學

翻轉學